咫尺光年
日本的新太空發展與戰略

五南圖書出版公司 印行　　鄭子真——著

序　言

　　本書首要感謝我國國家太空中心提供《日本太空發展與外交太空歷程與趨勢專題研究》的計畫贊助，以及外交部《美國印太戰略下日本軍事太空和海底電纜鋪設之戰略分析》的學術駐點計畫，讓本書得以在學術和實務的探究過程中，獲得鼓勵與實質支持，以及寶貴意見的修正。

　　起自陶淵明的「俯仰終宇宙」，人類對於太空的渴望與追求不分東西方，冷戰期間因爲美蘇的軍備競賽延伸至外太空，導致催生了美國太空人阿姆斯壯（Neil Alden Armstrong）首度實現人類登陸地球以外的星球。爾後人類追求太空的夢想雖一度停滯，然而科技日益發達和人類勇於挑戰未知的決心，21 世紀起，人類邁入迥異於以往的新太空時代。新太空時代的來臨，意味著人類不再侷限政府主導太空的發展，以及經費和風險考量之下，多數以符合政府需求的導向。起自美國民間企業 Space X 的火箭回收技術，以及烏俄戰爭凸顯衛星傳輸的重要性，民間企業活躍於太空產業和外太空活動，開始扭轉政府主導的風向。然而新太空時代也帶來許多棘手的新「奇特問題」（Wicked Problem），諸如殺手衛星、太空碎片、太空垃圾、太空交通管制等議題，國家依舊穩固在太空爭霸的國際舞台之中。

　　作爲亞洲先進國的日本，長期以來被關注的不是經濟大國形象，就是和平憲法的加持。戰後日本的太空發展，因爲戰敗而被箝制的航太發展，以及與美國貿易摩擦引發的「衛星調度」，始終停留在科研階段，而非商業發展或軍事運用等。突破日本太空發展的際線，即是北韓發射大浦洞 1 號，激化日本成立《宇宙基本法》的決心。同時日本宇宙航空研究開發機構（JAXA）也配合國家的太空戰略調整，在功能和目的上跳脫以往單純的科研角色，逐漸提高

安保比例，爲國家防衛增添一生力軍。日本的軍事太空從戰後禁止研發導彈系統、殺手衛星等，進而在專守防衛與事前防範之間，著手特有的導彈防禦（BMD）系統，以及加入美國主導的太空狀況覺知（SSA）。

除了北韓導彈威脅之外，在日本的地緣政治上尚有與美國爭霸太空的中國。肇因於冷戰期間美國委託中國發射火箭和衛星，美國休斯飛機公司和蘿拉空間系統公司聯合實施通信衛星發射失敗的調查過程中，導致中國取得美方太空專業技術。美國發覺後雖隨即切斷與中國的太空合作，卻開啓中國發展多彈頭導彈，引燃發展太空的野心。1993 年中國推動成立「亞太太空合作組織」（APSCO），2015 年起的一帶一路也試圖建構太空聯盟，與日本主導的「亞太區域太空論壇」（APRSAF）分庭抗禮。國際社會儼然成形的潛在性 G2 體系，浮現在地平線以外的太空，以美國的 GPS 定位系統爲主軸，連結日本的準天頂系統和歐洲的伽利略系統，構成民主陣線聯盟的太空通訊、定位、監視等互動與互賴，對抗中國的北斗系統。

提高至全球層級的《外太空條約》、《月球條約》，甚至《海洋公約》等國際條約，都規定外太空、月球、海洋不屬於任何一國家擁有，是全人類可共同使用的資源和範圍。爲求人類可永續使用和經營，符合聯合國的「永續發展目標」（SDGs），太空垃圾、太空碎片等處理問題，國際間必須建構起太空信賴形成機制（TCBM），避免爆發迅雷不及掩耳的國際太空戰。

對於太空的想像與輪廓，多數人抱持著科幻、外星人、銀河、黑洞等人類現階段無法回答的疑問。事實上，人類對於太空的運用已經非常普遍化和生活化，在未來物聯網、無人機、智慧城市、遠距醫療，甚或運用至「內太空」的海洋世界，都展現出太空科技的魅力。即使耗資龐大、耗時冗長，能夠在太空範疇獲得突破性發展，關鍵在於創新。日本作爲追趕型的太空發展模式，在法國

和美國陸續公布太空商業法後，開始急起直追，於 2016 年再度公布《宇宙 2 法》以活絡本國太空的商業發展。太空產業帶來的龐大商機，讓號稱位居全球第七的韓國，也欲迎頭趕上國際風潮，顯見太空商業發展日益炙熱。另一方面，國家不倚靠他國的太空自主性，在現今後疫情時代下保護主義的抬頭，重要性已不言可喻。

即使與軍事安保無關，透過太空系統中的衛星監視功能，可事先預防大型災害、事後救災、氣象觀測與預報等，有助於人類日常生活。換言之，新太空時代的太空科技運用，不再僅限於軍事為主，而是衛星必須具有軍民兩用功能。我國發展太空的規模雖不如中美等大國，但當太空與你我生活相連，在基礎的太空科普傳知上便顯得刻不容緩。本書撰寫過程中，作者發表了〈21 世紀日本太空戰略的發展和意涵〉、〈新世紀日本的太空發展：以太空外交和軍民兩用觀點為主〉兩篇 TSSCI 文章，以及在我國國家太空中心舉辦第一屆「iCASE 國際太空探索研討會」上發表〈咫尺光年：日本太空法制化發展與趨勢〉文章。就此，本書試圖作為一個完整性論述，包含上述論文內容，以及國家太空中心報告與外交部計畫、深度訪談資料等。

最後，感謝一路支持與扶持我的家人、師長、親朋好友等，以及過程中協助與指導的專家學者、訪問單位等。首先，謝謝國家太空中心企劃推廣組黃楓台組長、周巧盈助理研究員等人，在研究過程中不吝指教作者鮮少涉入的太空領域和寶貴意見。其次，致謝外交部研究發展會和谷瑞生主任給予支持，讓作者得以在日本進行深度訪談，和外界明瞭我國太空發展等。尤以此機會下，獲得日本慶應義塾大學土屋大洋教授、一橋大學中北浩爾教授等協助，以及自民黨事務局長阿倍信吾的熱心幫忙，得以順利拜訪日本內閣府宇宙開發戰略推進事務局、自民黨政策調查會、眾議員新藤義孝等決策日本太空發展的重要人士。本書的完成，尚有來自作者背後默默支持的一股力量。感恩台灣指導教授楊泰順博士的鼓勵、日本指導教

授米原謙先生的肯定、郭惠雯助教的協助，以及蕭督圜助理教授的代課，讓我得以在撰寫期間無後顧之憂的盡情研究。疫情期間的在日行程受到陳乃華社長的照顧，以及家妹鄭子善和家弟鄭子美義無反顧地代為處理事務等，諸多感謝之意溢於言表。

時光荏苒，我最親愛的母親雖已離去六年，謹呈獻本書給在天之靈的張櫻花女士。

目 次

圖 次

表 次

PART 1

日本的太空發展：法制面

第一章
緒論

　　上個世紀人類挑戰翱翔天空成功和登陸月球後，21 世紀再度燃起突破太空的慾望。新世紀人類渴望更多資源和能量，以反推力作用的飛航方式更快速地與外太空連結，能夠讓人類如此恣意地選擇空間和移動手段，源自於工業革命蒸汽機技術的出現、動力資源新添了核能等。飛航技術的快速進步之外，更重要的是數位與雲端技術的登場，讓太空科技不斷地被創新和運用。從飛航史來看，人類僅花費一兩百年時間即可漫遊天空，對於挑戰外太空似乎也僅是咫尺的光譜。基本上太空發展是由科學與工程構成兩大部分：科學方面係指外太空、星際、太空梭、衛星等；工程方面是以製造為主，讓物體可發送至太空。太空發展意即 space science + technology 的概念，電磁波、光學技術的太空運用是指遙測，大氣海洋科學是以太空科學為主。

　　本書探討的日本太空發展，戰後初期受限於和平憲法的規範，僅能進行非軍事性目的科研、氣象觀測等活動。戰敗的限制與冷戰兩極對峙，日本的太空發展不顯著，遲至 1978 年日本才公布《宇宙開發政策大綱》，說明未來發展太空的基本方針。即使如此，日本依舊想進行自主性太空研發，但屢次受到美國因素影響；其次，也因為和平憲法導致 1985 年對於運用太空「一般化理論」的基調。此一狀況在邁入詭譎多變的後冷戰國際局勢，中國崛起、美日同盟變化，以及 1998 年北韓發射大浦洞 1 號後，日本開始朝向早期警戒的情資蒐集之太空運用。以往冷戰時期日本可以倚靠美日安保條約進行防衛，但當地緣政治延伸到太空並且與自國的領土、領海、領空的安全性相連結，僅依靠美軍似乎緩不濟急且缺乏自主性。

　　從早期美國因素到後冷戰的國際環境因素，新世紀更是因為人類科技的大幅進步與活躍的太空活動，運用衛星的太空科技也開始與民生、商機結合在一起。21 世紀起科技日新月異，網路世代、物聯網、無人機、人工智慧等無一不深刻影響人類的文明生活。科

技時代的來臨關鍵在通訊傳輸的重要性，衛星成爲連接虛擬間和現實世界數據的中介站，建構起 5G、物聯網、無人機等超智慧生活的運作。進一步，衛星間的資訊傳送必須有一套快速且正確的系統動作，因此太空科技的發展成爲各國積極衝刺，以對應未來新型態生活的轉變。但太空科技的範疇廣泛且過於專業化和跨領域，並非由政府一昧領導即可游刃有餘，還需要有民間資金挹注和無限的創意搭配，才能夠得到政策效果。

　　本書預計從法制面和實務面探討日本太空發展和太空外交趨勢等。一國之內的太空商業規則是基於國際法而來，迴異其他業種是奠基於國內需求而制定。再者，國內太空法的制定也很複雜，包含多次元層面：一是國際法層面，很多國家目前尚未批准《外太空條約》、《太空物體登錄條約》、《月球協定》等，導致簽署國與未簽署國之間產生諸多對立面。反而是規範國際電信規則的「國際電信聯盟」（International Telecommunication Union, ITU）約束了多數國家的太空行爲；二是國內法層次，一國的太空法也必須受到國內法的規範，如日本的《宇宙基本法》、《衛星遙測法》等；三是商業法規範，諸如衛星買賣、國際民事訴訟等紛爭的商業仲裁等；四是太空業界的標準化規範，如火箭規格、太空物體登錄標準等。[1]

　　本書第一部分的法制面，觀察日本發展太空的歷程，進行和平目的與一般化理論（1945-1990 年）、消極性的太空發展（1991-2007年）、積極性的太空發展與太空法制化（2008-2022 年）之階段性重點整理。法制面尚可從國內法和國際法層次來探討，日本有關太空的國內法規範，從最高層級的憲法到 1978 年才通過的《宇宙開發政策大綱》，制約了發展航空、太空、衛星、火箭等可能。非得等到 1998 年北韓首度發射導彈，日本驚覺消極性太空發展已無法

---

[1]　小塚莊一郎、笹岡愛美編著，2021，《世界の宇宙ビジネス法》，東京：商事法務，頁 5-7。

對應現實，才逐步採取愈加強硬的法手段。延伸日本太空國內法效用到雙邊的美日安保或日本的新安保法制，同時牽動美日同盟的變化，以及進化的新安保法制之法效果。目前多數國家的太空發展主導者仍在政府，觀察日本政府的立案過程、政策內容、執行成效等，具有以他山之石可以攻錯來借鏡。

基本上構成國內法律的要素有：主權、命令、制裁三要件，相較之下，國際法來源制定者眾多且有重疊、衝突之可能；國際社會呈現貴族政治內涵，以及國際法屬於弱法性質。國際法僅是實證道德（positive moral），只具道德要求的約束力與意義。「國際法不是一種服從的法律（Law of Subordination），而是一種協調的法律（Law of Coordination）」；其次，近代主權國家的世界，基本上是一分權的國際社會（De-Centralized International Society），而不是如同國內的中央集權制度（Centralization of Power）。摩根索認為國際法受到兩因素影響：「一是個別主權國家之間，存在著一致或互補的利益，並且皆願意追求一個有秩序的共存關係；二是近代國際體系內的勢力平衡關係，……許多個別國家接受國際法規範，是因為有助於這些參與國家的利益。」可規範國家，卻也有其侷限性。各國會遵守國際法規，是基於近代國際體系的勢力平衡原則，「國際上的法律原則，仍應是抑制主權國家自私行為與維持正義的主要來源。」[2]

因此，太空國際法的制定依舊掌控在太空大國手上，面對人類社會未來欲建構的新太空時代，包含太空互賴、太空外交、太空交通管制、太空航行自由、太空碎片（space debris）等嶄新議題，國際社會如何在主權的不可讓渡、命令的強制性與否、制裁的程度

[2] Hans J. Morgen thau, 1973, *Politics among nations: the struggle for power and peace*, New York: Alfred A. Knopf. pp. 272-276；洪丁福，2005，《國際政治新論》，新北市：啟英，頁 3-25-28。

或比例性原則上做出適當對應，觀察日本的太空發展動向係有助於鄰近國家的參考。目前國際間主要的太空法為聯合國的外太空原則、《月球公約》等，後冷戰起日本也欲成為區域的太空強國而成立「亞太區域太空論壇」（日文：アジア太平洋地域宇宙機関会議，Asia-Pacific Regional Space Agency Forum, APRSAF），從國際社會的次結構試圖連結或鑲嵌入聯合國主流的法規範。

　　本書欲觀察日本太空發展的實務面，因應國際社會的密切接軌和全球化時代來臨，日本為追求國家利益和與國際社會合作的對外行為，從聯合國等國際太空法制動向：聯合國和平利用太空委員會、塔林手冊、太空垃圾；日本與歐洲太空總署：歐洲太空發展、日本與歐洲的太空互動；日本主導的亞太區域太空論壇；日本的外交太空：安保、資安、軟實力等。地緣政治的延伸和國際政治的角力，太空範疇成為一新領域。從國際競爭力、太空產業的商機、安保觀點等，發展一國的太空科技已刻不容緩。太空範疇牽涉到國安、經濟、科技等戰略性制定，太空的開發運用和相關產業育成必須從國家的高度來思考之。

第二章
日本太空發展之相關法制與規範

戰敗後日本短暫被盟軍（General Headquarters, GHQ）統治，為消除軍國主義思維和瓦解相關軍備，日本被禁止發展航太。其次，日本與 GHQ 妥協而來的和平憲法第 9 條，因為放棄發動戰爭權，自衛隊功能侷限於專守防衛上，對於太空發展僅能在科學研究、氣候觀測等非軍事性行為。1951 年日本簽署《舊金山和約》後恢復主權地位和《美日安保條約》，1952 年才解除日本發展航太的限制。[1] 縱然無法像戰前般自由發展航太，1955 年東京大學生產技術研究所系川英夫教授帶領下，研發出日本第一個鉛筆型火箭。[2] 以下就日本太空發展之和平目的與一般化理論（1945-1990 年）、消極性的太空發展（1991-2007 年）、積極性的太空發展與太空法制化（2008-2022 年）之階段性說明。

壹、和平目的與一般化理論（1945-1990年）

戰後日本的太空發展承接戰前技術的研發，主要有三研究單位：一是 1952 年 8 月從警察預備隊改編的保安廳技術研究所，由導彈技術的調查和研究開始，也與經團連等產業界合作。1954 年 7 月防衛廳成立後也開始研發導彈，爾後 1958 年 5 月防衛廳技術研究本部延續至 2007 年成立的防衛省，以及 2015 年 10 月成立的防衛裝備廳進行的固體燃料導彈等研發皆是；二是以東京大

---

[1] 渡邊浩崇，2019，〈日本の宇宙政策の歴史と現状〉，《国際問題》，No. 684，頁 34。

[2] 當時支持系川英夫發展火箭者為其工作過的「中島飛行機」公司。該公司後來逐漸轉型為富士精密、王子汽車（日文：プリンス自動車）、日產汽車（日文：日産自動車），成為現在的 IHI AEROSPACE（日文：IHI エアロスペース）。IHI 於 2001 年發射日本主要火箭 H-IIA、H-IIB，是日本發展太空產業的重要公司。IHI，2022，〈会社概要〉，https://www.ihi.co.jp/ia/company/outline/index.html，上網檢視日期：2022/5/6。

學生產技術研究所系川英夫教授為主的研究團隊，歷經 1964 年 4 月東京大學宇宙航空研究所、1981 年 4 月文部省宇宙科學研究所（Institute of Space and Astronautical Science, ISAS），轉型成為現在的 JAXA（Japan Aerospace Exploration Agency，宇宙航空研究開發機構）和宇宙科學研究所；三是 1956 年 5 月在科學技術廳內部成立的太空團隊，1963 年 4 月成立科學技術廳航空宇宙技術研究所（National Aerospace Laboratory of Japan, NAL），1964 年 7 月成立科學技術廳宇宙開發推進本部。1969 年 10 月宇宙開發推進本部轉型為特殊法人宇宙開發事業團（National Space Development Agency of Japan, NSADA, 1969-2003），2003 年 10 月文部省宇宙科學研究所（ISAS）、科學技術廳航空宇宙技術研究所（NAL）、宇宙開發事業團（NSADA）合併成為現在的 JAXA。[3] 換言之，JAXA 的組成來自學術研發的 ISAS 和內閣層級領導的 NAL，以及獨立出去的 NSADA。早期因為防衛研發導彈的防衛裝備廳，則屬於防衛省所轄的太空範疇。

　　受到 1957 年蘇聯發射人類第一個人造衛星升空、1958 年 1 月美國「探險者 1 號」進入軌道，觸動日本發展太空的初心。1960 年 5 月作為首相諮詢機關的「宇宙開發審議會」，決議 1964 年 7 月於（舊）科學技術廳下設「宇宙開發推進本部」，作為推動日本太空發展的核心單位。[4] 1967 年「宇宙開發審議會」決議建構三支柱的太空體制，即 1. 宇宙開發委員會決定國家的方針和計畫；2. 宇宙開發事業團進行實質衛星開發；3. 宇宙開發局進行太空開發行政。然而事後僅有宇宙開發委員會和宇宙開發事業團於 1969 年成

---

[3] 渡邊浩崇，2019，〈日本の宇宙政策の歴史と現狀〉，《国際問題》，No. 684，頁 34-35。

[4] JAXA，2022，〈宇宙・漁業問題の発端〉，https://www.isas.jaxa.jp/j/japan_s_history/chapter03/02/05.shtml，上網檢視日期：2022/5/6。

立。[5] 1968 年通過《宇宙開發委員會設置法》成立「宇宙開發委員會」，取代「宇宙開發審議會」，向總理大臣提出 4 個答申和 1 個建議。針對之前（1962 年 5 月）第 1 個答申「促進太空開發的基本方策」（日文：宇宙開発推進の基本方策），日本的太空開發僅限和平目的，基於 1. 尊重自主性；2. 公開原則；3. 重視國際合作之原則進行。[6]

1969 年日本國會通過「有關我國在太空開發和利用基礎的決議」（日文：我が国における宇宙の開発及び利用の基本に関する決議），太空的開發和運用僅限於和平目的，意指非軍事性目的利用。日本依據《宇宙開發事業團法》，於（舊）科學技術廳下成立「宇宙開發事業團」。1969 年 7 月日本與美國簽訂〈有關太空開發美日合作之交換公文〉（日文：宇宙開発に関する日本国とアメリカ合衆国との間の協力に関する交換公文），導入美國太空技術，因此中止日本自主開發的火箭計畫。[7]村山隆雄的〈我國太空開發的視點—「宇宙基本法案」的提議〉（日文：我が国の宇宙開発を考える視点—「宇宙基本法案」に上程に寄せて）認為，戰後日本的太空開發受到「有關我國在太空開發和利用基礎的決議」設限，僅能進行和平行為。[8]

1978 年 3 月「宇宙開發委員會」制定《宇宙開發政策大綱》，

5　JAXA，2022，〈鹿兒島方式〉，https://www.isas.jaxa.jp/j/japan_s_history/chapter03/02/06.shtml，上網檢視日期：2022/5/6。渡邊浩崇，2019，〈日本の宇宙政策の歴史と現状〉，《国際問題》，No. 684，頁 35。

6　渡邊浩崇，2019，〈日本の宇宙政策の歴史と現状〉，《国際問題》，No. 684，頁 35。

7　渡邊浩崇，2019，〈日本の宇宙政策の歴史と現状〉，《国際問題》，No. 684，頁 36。

8　村山隆雄，2007，〈我が国の宇宙開発を考える視点—「宇宙基本法案」に上程に寄せて〉，《レファレンス》，9 月號，頁 1-31。

明定未來長期且基本的太空發展方針。[9]大綱的基本方針爲自主性、
國際合作、長期願景等，以及爲求自主路線和國際合作的方式
下，進行國產 H-II 火箭開發和美國主導的國際太空站計畫。然而
繼1969年7月美日交換公文之後，美日繼續簽訂1976年12月「N-II
火箭口頭備忘錄」、1980 年 12 月「H-I 火箭口頭備忘錄」，讓日本
開發火箭、發射通訊、放送、氣象等衛星升空。由 NASDA 自行設
計的 H-II 火箭，1984 年 2 月《宇宙開發政策大綱》進行第一次修
法，預計在90年代讓H-II火箭可以升空2噸等級的靜止軌道衛星。
1985 年 3 月發表〈1985 年度宇宙開發計畫〉，意即透過 H-II 火箭
升空，呈現日本太空自主化的面貌。[10]

　　伴隨美國火箭技術的導入，日本 NASDA 的目標設定在開發
通訊、放送、氣象衛星的實用技術上，力求未來可不倚靠美國技
術，達成自主性太空開發的能力。再者，通訊衛星的使用者爲電電
公社和國際電信電話（Kokusai Denshin Denwa, KDD），放送衛星
則是日本放送協會（Nippon Housou Kyoukai, NHK）、氣象衛星則
是氣象廳，構成政府公部門一體化的技術研發體制。日本的火箭製
造廠商爲三菱重工、石川島播磨重工、日產汽車（舊中島飛機），
衛星廠商爲三菱電機、日本電氣（NEC）、東芝，共計六家廠商構
成日本的太空產業界。日本的太空廠商依據 NASDA 和科技廳的計
畫進行開發和製造，不僅可獲得獨特技術，也可得到穩定訂單。日
本的太空體制在此背景下發展和建構，並且提供衛星通訊和放送等
新使用者的市場開發。[11]

---

[9] JAXA，2022，〈（4）宇宙開発政策大綱（日本、1996 年 1 月 24 日改訂、
宇宙開発委員会）〉，https://www.jaxa.jp/library/space_law/chapter_4/4-1-1-
4/4-1-1-4z_j.html，上網檢視日期：2022/5/6。

[10] 渡邊浩崇，2019，〈日本の宇宙政策の歴史と現状〉，《国際問題》，No.
684，頁 37-38。

[11] 鈴木一人，2011，《宇宙開発と国際政治》，東京：岩波書店，頁 181-
182。

　　1983 年美國雷根（Reagan）總統發表冷戰時期的「戰略防衛構想」（Strategic Defense Initiative, SDI），係從蘇聯的核武威脅進行保護美國本土和民眾的構想。日本基於美日同盟關係支持 SDI 構想，但美國擴大抑制核武而相對擴大化的破壞能力，對於日本謹守的和平憲法是有所爭議的。[12] 因此 1985 年日本政府說明太空運用的「一般化理論」，讓衛星可以被自衛隊和一般民眾使用，但依舊無法大規模的運用在防衛和安保面向上。

　　1989 年基於美國的 301 條款和長久以來的美日貿易摩擦，要求日本開放人造衛星、電腦、農林產品等國內市場，進行第二次《宇宙開發政策大綱》修法。1990 年 6 月美日達成衛星調度的共識，要求日本達到：1. 國際公開招標；2. 變更 CS-4 計畫和要求宇宙開發事業團新技術的驗證，用以進行衛星的開發；3. 定義研究開發衛星。自此日本大多使用美國製衛星，因而深深打擊國內的太空產業。美國所謂通信或播放之非研究性開發衛星的政府調度，讓日本面臨了嚴峻的國際競爭。日本在無法使用國產衛星或火箭的情況下，想當然爾也就無法提高自國火箭升空的信賴度或累積衛星的實績。[13] 簡言之，戰後到冷戰結束，日本的太空發展明確受制於和平憲法規範，且在美國因素下日本民間也無法發展相關商機，導致太空技術和研發落後於其他先進國家。

---

[12] 瀨川高央，2015，〈日本の SDI 研究参加をめぐる政策決定過程〉，《公共政策學》，第 9 期，頁 87-88。

[13] 村山隆雄，2007，〈我が国の宇宙開発を考える視点―「宇宙基本法案」に上程に寄せて〉，《レファレンス》，9 月號，頁 1-31。渡邊浩崇，2019，〈日本の宇宙政策の歴史と現状〉，《国際問題》，No. 684，頁 38。

貳、消極性的太空發展（1991-2007年）

　　日本要在太空開發趕上其他國家的進程，首先必須提出其合理性和合法性，建構相關框架後始得規劃整體發展。太空科技屬於科技政策一環，1995 年日本通過《科學技術基本法》，以政府為首帶動重視科技的風潮，1996 年制訂第一期《科學技術基本計畫》（1996-2000 年），預算為 17.6 兆日圓。此時太空戰略的重要性尚未彰顯，直到 2001 年日本進行行政改革，依據《內閣府設置法》成立「綜合科學技術會議」，新省廳體制的上路，同時改變了日本領導科技政策的方向。2003 年 JAXA 成立，以往是內閣層級的宇宙開發委員會主導，改由 2004 年綜合科學技術會議發表「我國宇宙開發利用的基本戰略」，日本開始積極朝向太空發展的進程。

　　另一方面，1995 年宇宙開發委員會召開完長期願景懇談會，提出「創造新世紀的太空時代」（日文：新世紀の宇宙時代の創造に向けて），進而第三度修改大綱，係以朝向 21 世紀長期觀點明定 10 年內日本的太空開發之活動方向和框架。[14] 1998 年北韓發射大浦洞 1 號導彈，促使美日進行導彈防禦系統的共同開發。由於日本受限於和平憲法的非軍事性目的之性質，不能進行先發制人的武器研發或攻擊性導彈系統的開發，僅能就導彈防禦系統的設立。在此之前日本並無導彈防禦系統，在北韓發射導彈後同年 12 月 25 日，日本召開完安保會議後，決議於隔年（1999 年）與美國共同研發海上配備型上層系統（Navy Theater-Wide Defense, NTWD）的導彈防禦系統。意即此日本基於和平憲法框架下所設計出來的 BMD（Ballistic Missile Defense）導彈防禦系統，作為往後重要的防衛

---

[14] JAXA，2022，〈（4）宇宙開發政策大綱（日本、1996 年 1 月 24 日改訂、宇宙開発委員会）〉，https://www.jaxa.jp/library/space_law/chapter_4/4-1-1-4/4-1-1-4z_j.html，上網檢視日期：2022/5/6。

表 2-1　日本太空發展歷程（1964-2001 年）

時間	內容	重點
1964 年	（舊）科學技術廳下設「宇宙開發推進本部」	作為推動日本太空發展的核心單位
1969 年	日本決議太空的開發和運用僅限於和平目的	和平目的
1978 年	《宇宙開發政策大綱》	明定未來長期且基本的太空發展方針
1984 年	第 1 次《宇宙開發政策大綱》修法	H-II 火箭升空的日本太空自主化
1985 年	太空運用的「一般化理論」	無法運用在安保和防衛
1989 年	第 2 次《宇宙開發政策大綱》修法	美日達成衛星調度的共識
1996 年	第 3 次《宇宙開發政策大綱》修法	「創造新世紀的太空時代」
1998 年	北韓發射大浦洞 1 號，日本決議開發情報蒐集衛星	不違反「一般化理論」
2001 年	「綜合科學技術會議」的成立	領導太空發展的司令塔
2004 年	綜合科學技術會議發表「我國宇宙開發利用的基本戰略」	日本開始積極朝向太空發展的進程
2006 年	日本發展太空之三支柱：安保、產業化、研發	日本朝向更明確的太空發展之法制化動向
2008 年	《宇宙基本法》	日本在專守防衛的範圍內，允許進行以防衛目的的太空開發和運用，超越「一般化理論」
2009 年	《宇宙基本計畫》	具體的太空開發實踐內容
2017 年	《宇宙 2 法》	重視民生商用發展

＊作者自行整理。

手段。[15]

　　1998 年北韓發射大浦洞 1 號飛越日本上空爲契機，日本也決議開發情報蒐集衛星（Information Gathering Satellite, IGS），預計於 2002 年導入 4 個情報蒐集衛星。該衛星僅能與商用衛星蒐集相同解析度的圖像，故不違反「一般化原則」，卻進而影響日本推動《宇宙基本法》成立的決心。[16]2001 年起日本內閣主導國家的太空開發，2006 年自民黨河村建夫眾議員提出日本發展太空之三支柱：安保、產業化、研發，自此日本朝向更明確的太空發展之法制化動向。

參、積極性的太空發展與太空法制化（2008-2022年）

一、2008年《宇宙基本法》：國家主導與防衛結合

　　2008 年日本《宇宙基本法》一開始制定就是與防衛結合在一起。[17]該法第 2 條規定，「太空開發利用，係用來規範包含月球和其他天體的太空探查和使用之國家活動，並且跟隨與其他國際約束的規定，依據日本憲法和平主義的理念進行之。」故第 14 條提及，「國家爲推動國際社會和平與確保安全，以及在我國安保之太空開

---

[15] 日本內閣宇宙戰略室，2012/9，〈宇宙外交・安全保障等の現状、課題及び今後の検討の方向（案）〉，siryou5.pdf (cao.go.jp)，上網檢視日期：2022/9/27。

[16] 金田秀昭，2010，〈弾道ミサイル防衛と宇宙問題〉，日本国際問題研究所主編，《新たな宇宙環境と軍備管理を含めた宇宙利用の規制—新たなアプローチと枠組みの可能性—》，平成 21 年度外務省委託研究，頁 26。

[17] 河村建夫，2008，〈宇宙基本法の意義〉，《経済 Trend》，頁 24。

發利用上實施之。」[18] 其次，日本通過《宇宙基本法》之前必須明確中央與地方的權責，以及制定《宇宙開發基本計畫》每年定期向國會報告。

《宇宙基本法》允許日本在專守防衛的範圍內，允許進行以防衛目的的太空開發和運用。日本公布《宇宙基本法》後，防衛省成立宇宙開發利用推進委員會，並於 2009 年 1 月制定「宇宙開發利用之基本方針」（日文：宇宙開発利用に関する基本方針），表示「在防衛範疇中太空開發利用不屬於任何一國，也不受限於地面地形之條件約束，故太空特性是極為有益處的。我國未來在防衛上開發太空是必要的」，以及「有關安保面向上新的太空開發利用，必須超越以往一般化理論的框架進行討論」。換言之，日本的太空開發利用，從戰後早期的非軍事性目的，逐漸轉變成「一般化理論」，到了 2009 年已經朝向突破現有框架轉型。

相較於美國積極發展太空，日本遲至 2008 年才制定《宇宙基本法》，目的在於和平地使用太空、提高民眾生活水準、振興產業、發展人類生活、促進國際合作、環境因素等。然而日新月異的航太技術與太空研究的發達等，僅是在太空科技和數量上擁有優勢，不必然一定於太空戰取得勝利，因為太空戰略的設定成功，取決於決定和指揮必須快速運用兵力，意即專權國家領導者的命令較民主國家的發動程序更為有利。[19] 青木節子認為日本太空戰略發展與防衛相結合且由國家主導者，日本的太空開發利用朝向防衛性發展，並且逐漸有安保、防衛、同盟國的合作等積極動向。[20] 村山

---

[18] e-GOV，2008，《宇宙基本法》，https://elaws.e-gov.go.jp/document?lawid=420AC1000000043，上網檢視日期：2022/12/4。

[19] Paul Szymanski，2021，〈強權的太空手段〉，《國防情勢特刊》，第 9 期，頁 16。

[20] 青木節子，2020/9/25，〈「宇宙版日米同盟」で進む宇宙の安全保障─宇宙作戦隊とはなにか（4）・最終回〉，《nippon.com》，<https://www.

隆雄則反思日本的太空開發利用在 2007 年以前是沒有實績的。[21]
此點雖是跟戰後日本和平憲法限制而來，但石附澄夫卻主張因為各
國要在太空上和平共處與運用，故維持和平反成為各國的共同價值
觀。[22] 半田滋觀察到 2008 年日本通過《宇宙基本法》後，在防衛上
運用太空開發導入導彈防禦系統、或者更精準預測北韓發射導彈的
位置等。[23]

　　鈴木一人則是認為太空開發無論在防衛或民間活動上，都可發
覺國家主導的角色。加上太空狀況覺知（Space Situation Awareness,
SSA）、太空垃圾等都因為現代網路中心戰的性質，凸顯太空發展
和運用的重要性。國家都認知到太空範疇已成為戰鬥的一領域，
在美國的印太戰略下更是明確指出太空的發展進程。現階段人造衛
星技術已臻於成熟，無論運用在通信、播放、氣象、定位、地球觀
測都不算是創新領域了。鑒於以往太空開發費用龐大且屬於高風
險，往往以國家為中心來推動研發，現階段則是試圖提高民生或軍
事部門的能力，同時強化民間企業的國際競爭力。現在太空開發技
術趨於成熟和穩定的運作系統，相關風險已大幅降低，持續性的研
發是不可或缺的，且朝向提高現有技術水準為目標。美國向來是以
國家為主導，但近來也有許多民間企業大動作進行人類太空活動或
火星探勘等。歐洲也透過政策強化民間企業競爭力，讓公部門資金
可以成為動力，強化政府主導的功能。即使是開發中國家的中國或
印度，也依照自我經濟成長狀況，編列預算提高太空研發，再再都

nippon.com/ja/japan-topics/c06517/>。

[21] 村山隆雄，2007，〈我が国の宇宙開発を考える視点—「宇宙基本法案」
に上程に寄せて〉，《レファレンス》，9 月號，頁 1-31。

[22] 石附澄夫，2007，〈宇宙基本法—宇宙の軍事利用の解禁に反対する〉，
《軍縮地球市民》，第 10 期，頁 150-155。

[23] 半田滋，2017/4/5，〈対北朝鮮「ミサイル防衛」も「敵基地攻撃」も驚く
ほど非現実的である〉，https://gendai.ismedia.jp/articles/-/51364。

說明國家主導的趨勢。[24]

二、2009年《宇宙基本計畫》

　　《宇宙基本法》與防衛結合在一起，隔年制定每五年為一期的《宇宙基本計畫》的實踐項目，再者，讓以往重視研發的重心轉向「運用、產業振興」的發展。[25] 2009年日本《宇宙基本計畫》是以《宇宙基本法》為母法制定而來，其性質亦與安保相關，並且運用在實踐面，必須更積極推動和發展太空活動。神田茂認為日本的《宇宙基本計畫》有六大方向，分別是實現安心且安全的豐裕社會、強化安全保障、促進太空外交、先端性研發以創造具有活力的未來、培養21世紀的戰略性產業、考量環境的影響等。《宇宙基本計畫》六大方向具體內容如下：

1. 實現安心且安全的豐裕社會方面：太空開發的運用在通訊播放、農漁業、導航等與民眾生活息息相關，與現代生活密不可分，應發揮太空相關潛在性的最大能量；
2. 強化安全保障方面：強化太空的情資蒐集功能是非常重要的，並且與日本和平憲法理念相關，在專守防衛範圍內推動安保範疇的太空開發利用；
3. 促進太空外交方面：對應亞洲爆發的災害或全球性規模的環境問題，透過太空開發利用的組合，積極進行日本的外交貢獻；
4. 先端性研發以創造具有活力的未來方面：依據「Kaguya」（日文：かぐや）繞月衛星或「Hayabusa」探勘衛星（日文：はやぶさ）

[24] 鈴木一人，2017，〈各国の宇宙政策と我が国の課題〉，《科学技術に関する調査プロジェクト 2016 報告書》，東京：日本國會圖書館，頁 1-6。

[25] 渡邊浩崇，2019，〈日本の宇宙政策の歴史と現状〉，《国際問題》，No. 684，頁 40。

提高到世界級水準之太空科學、月球探勘、人類太空活動、太空
太陽光發電等研究，建構具有活力之未來；

5. 培養 21 世紀的戰略性產業方面：太空產業是 21 世紀的戰略型產
業，透過太空機器的小型化、系列化、共同化、標準化等，力求
強化競爭力；

6. 考量環境的影響方面：不僅地球環境包含太空空間或太空垃圾的
對應等，都應周全考慮太空環境的相關政策。[26]

　　第一期《宇宙基本計畫》具體項目有五個系統和四個計畫，五
個系統分別是：陸地和海洋觀測衛星項目、測地球環境與氣象衛星
系統、高度情報通信衛星系統、定位衛星系統、以安全保障為目的
的衛星系；[27] 四個計畫是：太空科學項目、人類太空活動、太空的
太陽光發電研發、小型實證衛星項目。[28] 日本《宇宙基本法》與《宇

---

[26] 神田茂，2010，〈宇宙の開発利用の現状と我が国の課題（後編）〉，《立
法と調査》，第 303 期，頁 97-98。

[27] 五個系統分別是：1. 對亞洲有所貢獻之陸地和海洋觀測衛星項目，能夠在
災害時無論天氣如何、白天或深夜都可以在 3 小時內確認狀況，可更有效
果和效率的對應災害。並且可以探查更多資源和能源，森林採伐狀況、監
視世界遺產等；2. 觀測地球環境、氣象衛星系統，進行局部性或突發性豪
雨預報、海面溫度觀測等預測長期性氣候變動、地球暖化對策上之全球二
氧化碳濃度掌握等；3. 高度情報通信衛星系統，讓一般地面上系統與衛星
之雙方迴路，透過一台行動電話即可使用相關系統；4. 定位衛星系統，透
過準天頂衛星升空和與 GPS 衛星合作，達成高精密的定位，創造個人化導
航之新服務；5. 以安全保障為目的的衛星系統，依據日本和平憲法理念，
在專守防衛範圍內強化情資蒐集功能、早期警戒衛星、電波情資蒐集功能
等。神田茂，2010，〈宇宙の開発利用の現状と我が国の課題（後編）〉，
《立法と調査》，第 303 期，頁 98。楊鈞池，2010，〈日本太空政策與
2008 年「宇宙基本法」之分析—從「和平用途」到「戰略用途」〉，《國際
關係學報》，第 29 期，頁 122。

[28] 四個計畫分別是太空科學項目、人類太空活動、太空的太陽光發電研
發、小型實證衛星項目。首先，在太空科學項目中，透過小行星探察機
「Hayabusa」在太陽系小行星 Itokawa 的著陸，或是太陽觀測衛星「Hinode」
來進行等，提高日本在太空開發上的國際水準。以及推動與其他領域的合

宙基本計畫》施行後，顯見《宇宙基本法》作為推動太空戰略的母法，在防衛力面向上強調自衛隊的防禦定位系統、建構自我衛星系統等，安全保障面向上以情資蒐集、警戒監視、定位、氣象觀察等為主，國家戰略則是強調太空貢獻與外交、提高國民生活水準、國際社會和平等。相較之下，《宇宙基本計畫》重視實踐性，落實防衛力上以推動自主性太空活動之太空輸送系統建構，安全保障是以促進產業活動並且與政府合作，而國家戰略則是強調國際合作。請參考表 2-2 日本《宇宙基本法》與《宇宙基本計畫》的重點。簡言之，日本太空戰略的事前建制重點在於提高領導層級，以及採用《宇宙基本法》作為母法藉以發展實踐項目的《宇宙基本計畫》。

日本太空建制初期過程出現散落行政省廳各自行政的現象，導致執行效率不彰顯或成果差強人意。直到第二次安倍內閣（2013-2020 年）上台後，統合指揮相關建制和立法，並強烈與日本安保結合在一起。第五期科學基本計畫特色在於由日本內閣府（2016年）內設的「綜合科學技術革新會議」（日文：総合科学技術・イノベーション会議，Council for Science, Technology and Innovation,

作和相關體制，創造出世界最先進的成果，具體呈現在金星或水星的探勘、X光線的天文觀測等。其次，人類太空活動面向上，透過國際太空站日本實驗棟「希望」（日文：きぼう）或是太空站補給機（HTV）進行醫藥等在地球上無法獲得之成果。也或者設定月球作為太陽系探查之重要目標，設定未來將有人類活動於月球，在 2020 年時以雙腳步行的機器人進行無人探勘為目標，連接到下階段人類與機器人共同進行探勘。第三個計畫是太空的太陽光發電研發，與地球的能源相比，此技術必須克服經濟上或技術上的問題，並且確認相關的安全性。進一步也須檢驗使用小型衛星運行在軌道上的實績。最後，小型實證衛星項目是為了擴大太空產業發展，為了推動由日本東大阪中小企業作為新創產業製造的小型衛星「Maido 1號」（日文：まいど 1 号），應推動中小企業和大學等產官學合作的可能。神田茂，〈宇宙の開発利用の現状と我が国の課題（後編）〉，《立法と調查》，第 303 期，頁 98-99。楊鈞池，2010，〈日本太空政策與 2008 年「宇宙基本法」之分析—從「和平用途」到「戰略用途」〉，《國際關係學報》，第 29 期，頁 122。

表 2-2　日本《宇宙基本法》與《宇宙基本計畫》的重點

	《宇宙基本法》	《宇宙基本計畫》
防衛力	自衛隊的防禦定位系統、建構自我衛星系統	推動自主性太空活動之太空輸送系統建構
安全保障	情資蒐集、警戒監視、定位、氣象觀察等	促進產業活動並且與政府合作
國家戰略	國家的太空貢獻與外交（第 2 條、第 6 條、第 19 條）、提高國民生活水準（第 3 條）、國際社會和平（第 14 條）	強化國際合作

＊作者自行整理。

CSTI）首度制定的計畫。依據 Paul Szymanski 改良瓦登上校的「五環重心」模型，在太空重心模型中核心的是重視太空領導能力，其次是遙測／追蹤／指揮，陸續是太空狀況覺知（日文：宇宙狀況把握，Space Situation Awareness, SSA）、太空科學家與技術人員、太空武器與發射系統。換言之，Szymanski 認為在太空戰略中太空領導能力居於關鍵地位。[29]

　　要在太空戰爆發之際取得先機，除了事前積極的建制，還需要有一套快速對應和下達指揮的司令塔機能。這樣的太空指揮統合機制，諸如法國的土魯斯航太產業成為歐洲的「航太矽谷」，其主因在於國防部與國家太空研究中心所組成的強勢國家主導的成果。[30]觀察日本內閣領導太空戰略發展的角色變化，以首相為主成立了「宇宙開發戰略本部」，目的在於對抗地緣政治上中國崛起和北韓導彈威脅，必須從更高一層的制高點來思索安保，故將太空政策設定在與防衛相關的動作上。2012 年依據修正《內閣府設置法》，於

---

[29] Paul Szymanski，2021，〈強權的太空手段〉，《國防情勢特刊》，第 9 期，頁 6。

[30] 洪瑞閔，〈法國航太產業發展及新冠肺炎衝擊的應處〉，《國防情勢特刊》，第 9 期，2021 年，頁 77。

內閣府增加宇宙戰略室作為太空開發的司令塔領導單位，其次組成宇宙政策委員會，由本委員會加上基本政策部會、宇宙輸送系統部會、宇宙科學和探查部會、宇宙產業部會所構成。[31] 日本內閣成立宇宙開發戰略本部以推動重要相關政策，並且針對獨立行政法人宇宙航空研究開發機構（JAXA）進行功能調整。[32] 2016 年起領導單位從內閣府宇宙戰略室更改為宇宙開發戰略推進事務局，從規模變大、層級提高、更細部的專業分工等，皆可說明日本內閣朝向作為太空戰略發展的司令塔指揮角色。

從 2009 年第一期《宇宙基本計畫》起，2013 年第二期《宇宙基本計畫》（2013-2017 年）重點有安保與防災、振興產業、太空科技的基礎建設等。[33] 第二期《宇宙基本計畫》公布後，JAXA 成為日本發展太空的主要機構，同時內閣也成立國家安全保障會議，通過國家安全保障戰略。隔年（2014 年）6 月日本內閣的太空政策委員會討論安保和太空相關連的政策，成立「基本政策部會」。9 月安倍晉三首相指示日本安保中太空的重要性增加，2015 年 1 月呼籲產業界積極參與太空產業，政府也強化相關產業基礎建設。

2015 年 1 月日本公布第三期《宇宙基本計畫》（2015-2019 年）重點有三：第一，擴大安保的利用，具體措施有於 2023 年建構準天頂衛星（Quasi-Zenith Satellite System, QZSS）7 機體制、增加蒐集情報的衛星數量、促進美日太空合作；第二，培育產業，預計十

---

31 宇宙政策委員會（內閣層級審議會）由 9 位民間專業人士組成，委員會和相關部會等成員全是兼任職，且無須經過日本國會同意任命。

32 稗田浩雄，2007，〈宇宙基本法─宇宙開発への課題〉，《日本航空宇宙学会誌》，第 55 卷第 642 期，頁 182。

33 日本宇宙フォーラム，2013，《「宇宙開発利用の持続的発展のための"宇宙状況認識（Space Situational Awareness: SSA）"に関する国際シンポジウム」成果報告書》，http://www.jsforum.or.jp/2014-/IS3DU2013_Summary_jp.pdf，頁 8，上網檢視日期：2022/5/4。

年內讓日本產官合作共達 5 兆日圓的衛星、探查機等高過 45 架升空。故為了刺激民間產業提出相關政策，如《宇宙活動法》可讓民間的太空梭升空失敗時減輕其負擔，《衛星遙測法》（日文：衛星リモートセンシング法案）讓民間可使用衛星圖像等資訊之相關規定等，並且從以往的短期計畫延伸為 10 年期的發展、新型太空梭的發展等；第三，促進民間產業的運用，使用定位系統的資訊創造出新產業。要打造一個超智慧社會，必須要有精準的衛星定位以迅速傳送資訊的系統，智慧城市、物流運輸、大數據分析與物聯網通訊等。相較於美國的 GPS、俄羅斯為國防用的 GLONASS、中國加強亞太區域定位的北斗衛星系統（BeiDou Navigation Satellite System, BDS）、歐盟發展民生用的伽利略（Galileo）系統，日本並沒有自己的衛星定位系統，而是需要倚靠美國的系統。[34]

　　第三期《宇宙基本計畫》推動日本民間產業提高對太空活動的投資，進而在 2016 年政府提出刺激民間產業參與太空活動的相關法案。[35] 同時該計畫也規劃日本太空科技產業的規模，產官合作方式下十年內共計 5 兆日圓的預算。該期計畫也提及未來國際間太空產業規模勢必擴大，尤其是新興國家的需求增加。為求日本的太空產業能夠在政府和民間共同攜手開發之下推廣到海外市場，2015 年 8 月日本相關省廳和民間企業組成「太空系統海外推廣特別小組（日文：宇宙システム海外展開タスクフォース），意在透過日本強而有力的太空系統，推動與國際的合作和擴大太空產業市場。

　　第四期《宇宙基本計畫》（2020-2025 年）則是強調官民合作推動太空開發產業，重點置於出口主導、活用民間活力、有效利用

---

34 王奕勝，2017/9/18，〈GNSS 超級比一比〉，https://scitechvista.nat.gov.tw/c/sfqB.htm，上網檢視日期：2020/1/1。

35 長谷悠太，2016，〈民間事業者の宇宙活動の進展に向けて─宇宙関連 2 法案─〉，《立法と調查》，第 381 期，頁 85。

資源、與同盟國或友好國家進行戰略性合作等。出口主導方面，明確日本出口太空產業之戰略，以及適時實施技術性驗證等戰略性對應。活用民間活力方面，確保民間投資的預測以及可調度資金的可能性。有效利用資源方面，有效運用先端科技於安保或勘察，以及進行非太空人才之交流、活絡資金流向等。與同盟國或友好國家進行戰略性合作方面，與同盟或友好國家合作之下，制定國際規則或推動國際合作等，邊活用日本的強項並且與同盟國進行戰略性合作。[36] 換言之，此階段日本政府開始重視民間活躍於太空產業的創意和資金挹注，試圖達到官民合作且雙贏的局面。其次，日本也提出與同盟友好國家進行戰略性合作，不僅是日本安保，在區域穩定或國際秩序當中，日本也企圖達成穩定地緣政治或是扮演國際社會太空產業領導國之一。

表 2-3 日本的《宇宙基本計畫》

時間	期別	內容
2009	第一期《宇宙基本計畫》	依循《宇宙基本法》，從以往重視研究和開發衛星，轉為關注太空的利用
2013	第二期《宇宙基本計畫》	允許將太空用於安保領域，日本擴大太空利用和確保其自主性
2015	第三期《宇宙基本計畫》	日本明確表示安保與太空息息相關，訂定 1. 確保太空安全保障；2. 推動民生領域的太空利用；3. 研究發展太空產業和科學技術作為三大支柱
2020	第四期《宇宙基本計畫》	強調官民合作推動太空開發產業

資料來源：青木節子，2020/8/20，〈日本的太空政策（4）：現在，日本的太空利用活動處在坐標系的什麼位置？〉，《nippon.com》，<https://www.nippon.com/hk/japan-topics/c06511/?pnum=3>。轉引自鄭子真、鄭子善，2021，〈21 世紀日本太空戰略的發展和意涵〉，《遠景基金會季刊》，第 22 卷第 3 期，頁 138。

---

[36] 日本內閣府，2020，〈宇宙基本計畫〉，https://www8.cao.go.jp/space/plan/kaitei_fy02/fy02_gaiyou.pdf，上網檢視日期：2022/5/9。

三、2016年《宇宙2法》：事前防範機制與民用商機

　　2015 年 11 月自民黨認爲必須強化民間產業的競爭力，建議應成立《宇宙活動法》和《衛星遙測法》（日文：衛星リモートセンシング法，簡稱《宇宙 2 法》），於 2016 年 11 月通過。[37] 2017 年 4 月自民黨進行第三次的太空開發的〈以太空產業振興爲主〉（日文：宇宙產業振興を中心に）建言，認爲日本在安保層面和振興民間產業的參與面向不足，應該強化與美國的太空開發聯盟關係。透過亞太綜合戰略的擬定，自民黨認爲藉由掌握太空情況，可以監視北方領土、島嶼間的國際紛爭、海域狀況等；以日本特殊的地理位置建設太空輸送中心，藉以進行積極和平外交。

　　從上述各期《宇宙基本計畫》的重點，可觀察出日本逐漸增加產業界參與太空產業和重視太空科技的發展。2016 年 11 月日本通過與民間太空產業相關的《太空關聯兩法案》，意即第 190 次國會提案〈人工衛星等升空及管理之法案〉（日文：人工衛星等の打上げ及び人工衛星の管理に関する法律案，簡稱太空活動法案）、〈確保衛星遙測紀錄正確處理之法案〉（日文：衛星リモートセンシング記録の適正な取扱いの確保に関する法律案，簡稱衛星遙測法案）。

　　兩法案的重點在於太空政策與安保的相關性，以及確立政府的太空政策體制：

1. 太空政策與安保的相關性

　　以往太空開發向來是以美蘇爲中心並以軍事爲首要目的進行

---

[37] 日本自民黨政務調查會宇宙・海洋開發特別委員會，2018，〈宇宙基本法の着実な推進に向けて―第四次提言 --〉，https://jimin.jp-east-2.storage.api. nifcloud.com/pdf/news/policy/137477_1.pdf，上網檢視日期：2020/11/15，頁 1-2。

的。日本的太空運用是在 1969 年（昭和 44 年）眾議院通過《我國太空開發及運用之決議》（日文：わが国における宇宙の開発及び利用の基本に関する決議）」，直到 2008 年才通過《宇宙基本法》・進一步 2012 年修改《JAXA 法》讓 JAXA 成爲支持政府進行太空開發使用的機關，包含安保範疇，跳脫以往和平使用消極的目的。2009 年 4 月起防衛省與 JAXA 簽訂數個研究合作協定，加深防衛省在太空防衛的程度。日本第三期《宇宙基本計畫》的目標之一，也是訴諸確保太空的安保。2013 年 12 月日本內閣決議的國家安保戰略，同意在安保範疇積極活用太空以及強化美日間的太空合作。JAXA 在太空的安保運用上，提供太空相關技術或專業知識，持續與防衛省加強合作關係。

另一方面，由於國際間的太空開發活躍，日本針對此一潮流，雖然進行太空政策或研究機關功能的調整，卻也有被質疑朝向軍事化的可能。再者，太空垃圾（space debris）的增加或對衛星攻擊的對應也日漸重要，作爲太空安保的政策，必須重視避免太空垃圾的增加等相關太空監視（SSA）系統的建立和提高相關功能。其他尚有測位、通信、情報蒐集等相關太空系統，都需要與國際間合作。

2. 確立政府的太空政策體制

有關民間的太空產業法律是由內閣府宇宙開發展略推動事務局負責，但是有關許可的標準之制定或修改等，必須聽取宇宙政策委員會的意見。而該如何擴大日本太空相關產業，爲求民間產業的制度支持或強化安保體制等國際合作，政府必須積極宣導。2016 年 4 月 JAXA 與美國 NASA（National Aeronautics and Space Administration）進行共同開發，挹注超過 300 億預算的 X 線天文衛星「Hitomi」（日文：ひとみ），但卻發生該衛星於太空分解的憾事。爲此，未來相關的檢討和對應，都反映在日本政府的太空體制如何建構和運作上。

此外，日本欲擴大在衛星的運用來強化產業的競爭力，除了加強對太空系統的運用，並且從消費者的需求帶動產業的發展。日本內閣設定的太空產業項目係「有關支持國家的太空開發基盤的太空產業，我國必須靈活運用具有的前衛性，力求強化國際競爭力的目的下研發重要基礎技術」。

因此除了《宇宙基本計畫》之外，尚有 2009 年 4 月《地理空間情報活用推進基本計畫》（日本內閣會議決議）、2010 年 5 月〈太空範疇之重點施策〉（日文：宇宙分野における重点施策について，宇宙開發戰略本部）、2010 年 6 月《能源基本計畫》（日文：エネルギー基本計画，日本內閣會議決議）、2010 年 6 月「產業構造願景 2010」（日文：産業構造ビジョン 2010，產業構造審議會產業競爭力部會報告書）、2010 年 6 月「新成長戰略」（日本內閣會議決議）、2010 年 8 月〈現今太空政策推動〉（日文：当面の宇宙政策の推進について，宇宙開發戰略本部決議）、2010 年 8 月〈現今太空政策推動〉（日文：当面の宇宙政策の推進について，宇宙開發戰略本部決議）、2011 年 8 月第四期《科學技術基本計畫》等。這些重大政策的內容都包含有太空因素，顯見日本將太空視爲國家重要的戰略並進行相關研發，從法律制度面的制定起，到經濟產業省必須引導民間企業進入國際市場。意即日本的太空在安保、產業化、研發之三支柱下出發，並延伸到科技的運用，構成太空科技發展的藍圖。

自民黨將太空範疇納入日本防衛，更是具體展現在 2018 年 4 月中期防的建議，提出〈關於太空領域上防衛的基本思考〉（日文：宇宙領域での防衛に関する基本的考え方について）。5 月自民黨政調會宇宙海洋開發特別委員會的〈確實推動宇宙基本法－第四次提言－〉（日文：宇宙基本法の着実な推進に向けて－第四次提言－），認爲上述建議得到的成效有法律、戰略和政策、設定長期願景工程表、具體項目等。法律成效上，日本政府採用《宇宙 2

法》、《宇宙基本計畫》由內閣會議議決、設立獨立的事務局（修改部分的《內閣府設置法》。戰略和政策上，明記《宇宙基本計畫》的預算，十年共計 5 兆日圓。設定長期執行國家戰略的願景工程表（包含項目、衛星數量、年度、負責省廳等），著手太空防衛運用、美日防衛合作指針之裝備和技術合作等。具體項目上，準天頂衛星系統 7 機體制、推動情報蒐集衛星 10 機體制、推動 SSA 系統和 MDA（Maritime Domain Awareness，掌握海洋情況）系統、決定國際宇宙站的方式等。[38]

尤以在《宇宙基本法》的推動上，自民黨將重點置於振興產業、安全保障等。振興產業方面，日本作為世界第三大經濟體，從近來衛星小型化和急遽增加的衛星情資，透過 AI 解析畫素的技術帶動新創價值。如日本的 AXELSPACE 公司目前擁有 50 個衛星進行相關業務，但遠不及美國的新創公司擁有上千個的衛星數量。又或者進行月球探勘、衛星航行軌道的維修，相關的太空產業預估 2040 年產值高達 1 兆美元的市場。在日本進行小型衛星開發和畫素解析的企業有 AXELSPACE、CANON、Synspective、QPS 研究所等，發射小型衛星用火箭的有 IST、Space One 等，除去宇宙垃圾的有 stroscale，太空旅行的 PD Reaospace、space walker 公司等，宇宙資源開發的 ispace，衛星通信的 infostellar 等。

安全保障方面，自民黨認為須確保體制和預算、建構和強化太空智慧、強化太空和網絡對應能力、整備火箭和發射系統等。2020 年 5 月日本成立宇宙作戰隊，可觀察出試圖由「民間經濟議程」（civilian economic agenda）轉向「軍事科技國家主義」（military techno-nationalism）的發展。就目前日本在太空軍事利用來看有四

38　日本自民黨政務調查會宇宙·海洋開發特別委員會，2018，〈宇宙基本法の着実な推進に向けて—第四次提言—〉，https://jimin.jp-east-2.storage.api. nifcloud.com/pdf/news/policy/137477_1.pdf，上網檢視日期：2020/11/15，頁 1-2。

表 2-4　自民黨對《宇宙基本法》的建議

時間	標題	內容
2006 年 6 月	宇宙基本法（仮稱）骨子	擬定總則、宇宙開發基本計畫、成立宇宙開發戰略本部
2013 年 12 月	「國家安全保障戰略」	太空領域中「對應國際公共財的風險」
2014 年 8 月	〈朝向國家戰略發展的宇宙綜合戰略〉（第一次提言）	太空綜合戰略
2015 年 9 月	〈新宇宙基本計畫制定後我國宇宙政策的主要課題〉（第二次提言）	
2017 年 4 月	〈以宇宙產業振興為中心〉を作成予定（第三次提言）	提振安保層面和振興民間產業
2018 年 5 月	〈確實推動宇宙基本法—第四次提言—〉	設定長期執行國家戰略的願景工程表

＊作者自行整理。

趨勢的動向：第一，各國積極參與太空開發和民間產業多元化發展；第二，太空開發與安保息息相關；第三，太空商業化時機的成熟；第四，建立太空監視系統的重要性和急迫性。[39]

　　然而近年來衛星遙測、通訊、定位系統等太空科技的運用對民生產生重要關聯。如何規範民生與太空科技的運用，無論從經濟發展或是避免民間獲得大數據被濫用，成為一國內產業發展或法制規範面的熱門議題。1996 年起全世界商業衛星升空的數量已經開始超越軍事用途，抑或是採用軍用兼商用衛星的比率也逐漸增加。[40]

[39] 楊鈞池，2020/5/17，〈征服宇宙？日本成立太空部隊的背後原因〉，https://tw.news.yahoo.com/，上網檢視日期：2020/12/29。

[40] 戶﨑洋史，2010，〈宇宙利用の新たな動向〉，日本国際問題研究所主編，《新たな宇宙環境と軍備管理を含めた宇宙利用の規制―新たなアプローチと枠組みの可能性―》，平成 21 年度外務省委託研究，頁 1-2。

以下就日本運用太空科技於民生的準天頂系統、衛星遙測、低軌通訊衛星等說明。

（一）準天頂系統的建構：官民合作

準天頂系統（Quasi-Zenith Satellite System, QZSS）係作為完善日本定位的衛星傳輸，其功能主要有補充美國 GPS 系統、增強 GPS 的精密度、警告等。準天頂系統使用的衛星是三菱製造且由內閣管轄，屬於國家高度掌控的系統，以民間融資提案（Private Financial Initiative, PFI）來解決因國家提供公共建設引起的市場失靈（government failure）問題。由於公共建設具有公共財（public goods）、外部性、資訊不對稱性等，日本政府與民間企業協力推動衛星的公共服務，試圖活用民間的資金與技術，讓民間可以主導公共服務的發展以解決上述問題。能夠進行 PFI 項目者，往往是屬於特許業務且具有長期且一定的經濟規模。[41]

（二）衛星遙測：轉向民間主導

2012 年 9 月日本內閣府宇宙戰略室提出報告，認為要擴大衛星數據的使用，必須要統合性處理多數衛星數據的平台、提出使用太空的實證等。其次獲得外資或民間挹注的資金以進行衛星遙測開發，以官民合作方式的補助款或長期契約性質的政策推動。而且在衛星遙測面向上也常有兩國間的合作，為提高遙測衛星拍攝的頻率，可以透過政府間的衛星共同協力來達成。如德國的 5 個 SAR-Lupe 雷達軍事偵察衛星和法國 2 個 Helios 光學軍事偵察衛星形成一套合作系統，於 2002 年雙方簽署協定共同運作。但是當時並未

---

[41] 然而 PFI 制度也有其問題，如提高自償率、節省公帑、引進民間融資、健全公私部門之間的制度等，防止官商勾結等。孫克難，2015，〈民間參與公共建設之 PFI 模式探討—引進新制度經濟學觀點〉，《財稅研究》，第 44 卷第 5 期，頁 1-4。

存在有日本衛星遙測的民間企業參與，必須等到 2016 年爲促進民間產業參與才通過《衛星遙測法》。發展至今，由於中朝相繼開發超音速導彈，透過衛星遙測的反射性監視也可迅速獲得情資以啓動導彈防禦機制反擊。[42]

　　日本火箭或衛星的升空是基於 JAXA 法第 18 條第 1 項第 4 號和第 2 項（升空基準），JAXA 必須進行準備升空之相關作業，文部科學省科學技術、學術審議會研究計畫、評價分科會宇宙開發利用部會會制定方針（稱爲升空安全評價基準）。待升空準則制定完成後實施安全評價、製作安全計畫，進一步基於升空基準第 5 條 JAXA 會再製作相關計畫（稱爲發射計畫書）。升空基準第 3 條規定 JAXA 進行發射相關業務之際必須遵守法律，除了必須按照安全評價基準之外，也有義務接受其宇宙開發利用部會的調查審議。升空基準第 5 條也規定 JAXA 必須通報升空計畫內容給相關行政省廳和團體，尤其是航太和船舶之相關安全的事前通報。日本飛機依據《航空法》第 99 條之 2 規定，判斷實施火箭升空必須事前通報給國土交通大臣。船舶方面也是，必須事先通知海上保安廳讓附近海域航行的船舶知曉，這些是基於《海上保安廳法》第 5 條第 22 號和 23 號。[43]

　　2016 年 11 月 15 日日本通過《衛星遙測法》，意味著日本的衛星遙測從以往國家寡占的時代，轉向由民間主導發展的階段。但在民間主導的氛圍下，企業是否能適切管理衛星遙測下獲得的資訊，國家在避免重要情資外洩前是否需要提出一套法制治理等新議

---

[42] 日本内閣府宇宙戰略室，2012/9，〈リモートセンシング衛星の現狀、課題及び今後の檢討の方向（案）〉，https://www8.cao.go.jp/space/comittee/dai4/siryou4-1.pdf，上網檢視日期：2022/12/4。

[43] 相原素樹，2013，〈外国領空の通過を伴う人工衛星等の打上げにおける宇宙空間アクセス自由の原則の再檢討〉，《慶應義塾大學大學院法學研究科修士論文》，頁 27-29。

題，都有待政府建構太空法制來強化和管理。否則當企業將其資訊轉手給其他不懷好意國家或全球性恐怖主義分子，將有可能危害國際社會的和平。[44]

再者，由於地面上的所有物質都具有接受電磁波的反射性或放射性，因此透過此特性進行遙測可觀察各種現象。諸如地面上的都市開發、防災、森林調查、農業、經濟活動的觀察等，大氣汙染狀況或者海水品質等，都可以衛星遙測獲得相關大數據。日本 NTT 數據是世界第一個提供 5m 解析度的數位 3D 全世界表示陸地起伏的「AW3D」地圖，甚至在都市地圖上也可提供解析度達 0.5m 的 3D 地圖。因此國土交通省可藉由衛星遙測明瞭國土變化、發生災害時的實際狀況等，環境省也可以在地震後發現災後廢棄物狀況。1987 年日本第一個地球觀測衛星升空的 MOS-1，邁入 21 世紀各國民間企業積極發展解析度達 1m-30cm 的高性能商業衛星，2010 年起甚至出現超重量或是超輕量的小型且低成本之新型衛星系統，說明民間太空產業的急速發展。

（三）低軌通訊衛星：軍民兩用

衛星運用在通訊、定位、遙測等功能上日益重要，尤以低軌衛星成為完善現今通訊系統的最後一哩路。低軌衛星較中高軌衛星的壽命短，約為 4-5 年使用壽命，換言之，對任一製造低軌衛星的國家或企業而言都是龐大商機。全世界目前積極佈署低軌衛星的民間產業有美國的星鏈（Starlink）、亞馬遜計畫的 Kuiper、英印合作的Oneweb、加拿大的 Telesat 等。2017 年以前日本並沒有規範太空商業的相關法律，僅有 1968 年的《宇宙開發委員會設置法》、1969年《NASDA 設置法》、2003 年《宇宙航空研究開發機構法》（JAXA

---

44 中川智治，2019，〈衛星リモートセンシングに関する国際法について〉，《福岡工業大學研究所所報》，第 2 卷，頁 119。

法）、2008 年《宇宙基本法》、2016 年《宇宙活動法》等。具體實踐日本太空戰略的《宇宙基本計畫》，強調準天頂系統、衛星遙測、衛星定位系統等，由於廠商需要利用全球定位系統（GPS）來結合與太空中的通信和遙測系統，以符合政府與軍方的需求。GPS對美軍的效能日益重要，美國規定 2000 年以前所有主要武器載台都必須裝置定位系統。早期以軍事需求為目的，如今已經變成軍民通用的資訊科技。[45]

　　2012 年以前日本衛星的國際競爭力低，因此民主黨內閣時期已經提出太空產業的發展，必須從以往公部門需求轉向民間或國際市場的追求，尤以在地緣政治上與日本唇齒相依的東亞新興國家們的太空需求，如通訊衛星、氣象衛星、遙測衛星、火箭發射服務等運用。除此之外，行政部門的整合與統一性：培育人才、技術移轉、政府成立太空相關部門單位的支援等；對象國的太空解決方案：如東協防災網絡建構；強化 Top Sale 的推廣或推銷等。[46]

　　低軌通訊衛星可補足偏遠地區或地面基地台不足之數據傳輸，尤以當戰爭處於山區或非都市區塊之衝突，保障資訊傳輸就相形重要。換言之，透過低軌衛星的傳輸可克服地形帶來的障礙，而Space X 公司的星鏈（Starlink）計畫就是串連低軌衛星，並且於接收器上置放諸如汽車、船舶等需要網路服務，形成往後無人駕駛或智慧城市的實踐。其次，透過自國發射低軌衛星可以避免需經由他國衛星才可取得的情資或數據。低軌道衛星用於防衛的事前防衛機制，係可用來觀測導彈的發射；或者當低軌通訊衛星被殺手衛星攻

[45] Dana J. Johnson, Scott Pace and C. Bryan Gabbard，余忠勇譯，2000，《太空：國力的新選擇》（*Space: Emerging Options for National Power*），台北：國防部史政編譯局，頁 50-51。

[46] 日本內閣宇宙戰略室，2012/9，〈宇宙外交・安全保障等の現狀、課題及び今後の檢討の方向（案）〉，siryou5.pdf (cao.go.jp)，上網檢視日期：2022/9/27。

擊之際，也會讓搭載定位系統的衛星無法準確發射位置，導致反飛彈系統、護艦、飛行器等地精準度降低。上述日本低軌通訊衛星商機的爆發在於可快速傳播訊息、國家自主性、觀測或干預導彈的發射、超智慧社會的建構等。

就此，《宇宙基本計畫》重點的準天頂系統不僅是衛星傳輸的軍事用途，且被運用在高精密的定位上發展民生，如運用在大規模農業除草的無人機械、無人駕駛汽車、除雪作業、海洋土木工程、無人機的運用、IT 產業的活用等。[47] 其次，由於低軌通訊衛星的壽命僅有 3-5 年且使用的數量大，其產業為衛星製造、衛星服務、衛星發射、地面設備等構成，而最具高附加價值的是衛星製造。因為日本政府近年來推動的超智慧社會（Society 5.0）建構，在許多的無人服務面向上需要大量正確且快速的資訊傳輸。或者氣候異常、災害頻傳的現代，透過雲端或衛星傳輸可克服許多人為所達不到的任務。對日本而言，最具競爭力的應屬衛星服務的整合資訊功能。在日本政府主導之下，國內太空產業動向有開發火箭的 Interstellar Technologies（日文：インターステラテクノロジズ）、CAMUI SPACE WORKS（日文：カムイスペースワークス）；衛星遙測的 AXELSPACE（日文：アクセルスペース）、CANON 電子、WEATHERNEWS（日文：ウェザーニューズ）；月球探勘的則有 ispace。從這些參與太空產業開發的企業動向，可觀察出民間企業資金的挹注、大學的研發，以及國家參與的成分存在，構成產官學共同推動太空開發的趨勢，請參考表 2-5。

---

47 みちびき，2018/10/25，〈みちびき利活用事例〉，https://qzss.go.jp/usage/userreport/use-cases_181025.html，上網檢視日期：2022/12/4。

表 2-5　日本國內太空產業動向（2015 年）

火箭		衛星遙測			月球探勘
Interstellar Technologies	CAMUI SPACE WORKS	AXELSPACE	CANON 電子	WEATHERNEWS	ispace
2013 年前 Live Door 社長堀江貴文又出資於北海道大樹町發射六次火箭。同年 11 月日本國內第一個民間開發 Pocky 火箭（江崎 Glico）。	2006 年北海道大學或植松電機零組件廠商（北海道）等企業出資,成功開發 CAMUI 型火箭（400kgf 級）。	東京大學出身的衛星新創產業,於 2008 年成立,三井物產或 JSAT 出資,2015 年 8 月進行超小型衛星的太空實驗,與 JAXA 簽訂創新衛星技術項目契約。	2012 年進入衛星商業產業,以 2016 年以後升空 1m 100 kg 以下、解析度的超小型衛星為目標。	2013 年 11 月前 Dnipro 火箭（俄羅斯）、AXELSPACE 等開發小型衛星成功升空。除了提供給海運公司的北極海航行路線支援或流冰情報之外,有助於麻六甲海峽、中東海域等防止海盜對策。	2012 年以月球探勘為目標成立的公司,是 Google 舉辦的國際太空競賽的「Google Lunar XPRIZE」,是日本唯一參加者,與東北大學等研究機關共同開發的月球表面開發的「HAKUTO」項目。

資料來源：日本內閣府宇宙開發戰略推進事務局，2015，〈宇宙×ICTに関する懇談会報告書（案）概要〉，https://www.soumu.go.jp/main_content/00050004486.pdf。

第三章
日本和平憲法對太空發展的影響

現今火箭技術的基礎來自二戰期間德國 Wernher von Braun 開發設計的 V2 火箭，在當時德國納粹處於頹勢之際，火箭變更成為飛越多佛爾海峽（Strait of Dover）攻擊英國的導彈。[1] 另一方面，現在的衛星諸如通訊衛星、氣象觀測衛星、定位衛星等，都是冷戰時期美蘇依據軍事技術研發和運用而來的。太空系統成為硬實力（hard power）軍事技術的一種，由發射方式、物體、地面設備構成。一般而言，當火箭搭載核彈頭等攻擊性武器則視為導彈，而發射導彈的火箭適合使用固態燃料，理由在於可長期保存和立即燃燒。相對地，若是使用液態燃料，則是基於比推力（specific impulse，推進系統的燃燒率）高，可將搭載重量龐大的衛星升空。但其缺點是液態燃料必須於低溫中保存，不適合長期保存，因此導彈不太使用液態燃料，依據火箭使用的燃料性質來判定發射的物體是導彈或是一般衛星等。[2]

即使依據火箭升空的燃料來判斷是否搭載具有攻擊性的導彈或衛星，然而近年來也出現殺手衛星等物體或地面設備之爭議。諸如使用地球軌道環繞的衛星，與其他衛星相互衝突的「會合」（rendez-vous）技術，若是濫用此技術發射干擾電波，讓其他正常運作衛星無法發揮功能，也可視為一種軍事技術。[3] 邁入新世紀國際社會出現太空開發的熱門議題，從美國軍事現代化的「軍事改革」（Revolution in Military Affairs, RMA）起，以軍事通訊衛星為核心構築網路化和軍事情資數位化，太空系統成為決定安保的重要關

---

[1] マシュー・ブレジンスキー，野中香方子訳，2009，《レッドムーン・ショックースプートニクと宇宙時代のはじまり》，東京：NHK 出版。

[2] 1998 年和 2009 年北韓發射大浦洞導彈是使用液態燃料，推測其原因在於其研發固態燃料的技術尚未成熟，且因為核彈頭小型化技術尚未成功，必須搭載具有重量的導彈升空，故使用高比推力的液態燃料。鈴木一人，2011，《宇宙開発と国際政治》，東京：岩波書店，頁 4-5。

[3] United States Office of Technology Assessment, 1985/9, Anti-satellite Weapon Countermeasures, and Arms Control, U. S. Government Printing Office.

鍵。[4] 加上 2007 年中國逕自進行破壞自國衛星的試驗性殺手衛星升空，引發大國間的太空對抗。太空儼然成爲傳統陸海空戰之外的「第四戰場」。基於軍事現代化、太空大國的對抗等國際新動向，下列就日本憲法第 9 條和美日同盟，分析對太空發展的影響。

壹、憲法第9條

日本受限於憲法第 9 條的放棄發動戰爭權，因此無法發展導彈系統、殺手衛星（antisatellite, ASAT）等與太空相關的武器，相對限縮了正常發展太空或安保政策的可能。即使如此，無論從安保面向或是民生所需，太空發展已經是目前諸國汲汲營營，青木節子表示在自衛隊規範的專守防衛目的下，日本除了和平性發展太空之外，還需致力於太空合作或外交以增加國家利益，爲促進太空產業發展需要由國家採取一定之政策或措施。太空發展迥異於其他產業或技術，具有廣泛性和脆弱性，而且一開始的發展就被設定在安保的運用。[5]

日本在《宇宙基本法》通過前，防衛省或自衛隊並未持有衛星，反而是其他省廳或民間企業才擁有。當時自衛隊只能借重他方的衛星進行情報蒐集、通訊、定位、氣象觀測等功能。有關情報蒐集功能的衛星，諸如圖像情資、電波情資、早期警戒等，

---

[4]　Michael E. O'Hanlon, 2004, *Neither Star Nor Sanctuary: Constraining the Military Uses of Space*, Brookings Institution Press.

[5]　青木節子，2008，〈宇宙技術を切り札に存在感ある日本を目指せ〉，《WEDGE》，9 月號，頁 77。戶崎洋史，2010，〈宇宙利用の新たな動向〉，日本国際問題研究所主編，《新たな宇宙環境と軍備管理を含めた宇宙利用の規制—新たなアプローチと枠組みの可能性—》，平成 21 年度外務省委託研究，頁 1。

1982 年在日本政府答辯中說明使用美國民生用光學地球觀測衛星 LANDSAT 的攝影畫像，直到 2003 年日本才自主性第一次升空自用情報蒐集衛星（IGS）。通訊衛星方面則是從 1977 年借用商用衛星通訊回線，進行南極觀測「碎冰鑑」的 MARISAT，定位衛星遲至 1986 年使用美國的 TRANSIT 衛星定位起，爾後 TRANSIT 轉換成全球的 GPS 系統後，日本自 1993 年開始使用該系統。氣象觀測是日本航空自衛隊府中基地從 1974 年起開始使用氣象衛星圖像裝置起，1982 年使用氣象廳的「向日葵」（日文：ひまわり）衛星數據，1986 年日本《防衛白書》表示也使用美國政府的民生用氣象衛星 NOAA。[6]

　　一般化理論之下自衛隊對於衛星的開發、持有、運用是被侷限的，然而 1998 年北韓發射大浦洞導彈後改變此狀況。除了自衛隊開始運用觀測衛星監視北韓發射導彈的動向之外，也為了偵測更高精密度的圖像，而必須著手衛星的開發和持有。但在日本通過《宇宙基本法》之前，基於和平憲法和一般化理論的限制下，防衛廳只能購入多功能衛星，並且偕同國土廳或建設省進行多目的性衛星監測國土狀況的圖像，來規避持有或運用衛星的模糊狀態。[7]

　　2008 年日本通過《宇宙基本法》後此情況產生很大轉變，該法第 2 條「太空開發利用需遵從相關條約和其他國際規定，必須基於日本國憲法和平主義的理念進行」。第 14 條「國家必須為了確保國際社會的和平與確保安全，推動我國安保的太空開發利用而展開相關政策」，再者 2009 年 6 月公布的《宇宙基本計畫》也重申利用太空時強化安保的性質，皆說明和平憲法對日本太空法律制定時的

6　福島康仁，2017，〈日本の防衛宇宙利用—宇宙基本法成立前後の継続性と変化—〉，《ブリーフィング・メモ》，3 月號，頁 1-2。

7　鈴木一人，2011，《宇宙開発と国際政治》，東京：岩波書店，頁 192-193。

性質，無法具有先發制人的攻擊能力。

　　比較日本《宇宙基本法》通過前後自衛隊的情報蒐集、通訊、定位、氣象觀測等功能，福島康仁認為 2008-2014 年防衛省在太空的運用並無太多變化。但是在供應端卻產生防衛省和自衛隊從此也可持有自我的衛星和運作的轉變。首先，在早期警戒功能方面，2015 年防衛省預算中「太空的 2 波長紅外線感應器實證研究」經費為 48 億日圓。2020 年 JAXA 升空的光學衛星將搭載紅外線感應器，實施軌道上試驗直到 2024 年。防衛省與 JAXA 的合作，從《宇宙基本法》通過和 2012 年《JAXA 法》修法後變成可能。2016 年日本內閣決議的《宇宙基本計畫》早期警戒功能也進行檢討，並且設置相關措施等。[8]

　　通訊功能方面，2011 年預算為 230 億日圓的「提高 X Band 衛星通訊功能」、2012 年為 1,224 億日圓的「X Band 衛星通訊的整備、營運項目」。這是因為以往透過商用通訊衛星的 Superbird-B2 和 Superbird-D 的壽命到 2015 年，從此之後防衛省和自衛隊的後續使用 Kirameki 1 號和 2 號衛星。即使透過 PFI（Private Finance Initiative，官民合作）方式讓日本民間企業 DSN（特種公司，日文：ディー・エス・エヌ）進行衛星調度或運作等，但持有者為防衛省，2017 年 1 月首度升空，翌年再度升空一衛星。[9]

8　福島康仁，2017，〈日本の防衛宇宙利用—宇宙基本法成立前後の継続性と変化—〉，《ブリーフィング・メモ》，3 月號，頁 4-5。

9　福島康仁，2017，〈日本の防衛宇宙利用—宇宙基本法成立前後の継続性と変化—〉，《ブリーフィング・メモ》，3 月號，頁 5。

表 3-1　日本《宇宙基本法》通過前後自衛隊太空運用功能的變化

日本《宇宙基本法》功能		成立前	成立後
情報蒐集、警戒監視	畫像情報蒐集	商用衛星（IKONOS） 他國民用衛星（LANDSAT） 多目的衛星（IGS）	商用衛星（WorldView-4） 民生衛星（ASNARO 1號，日文：アスナロ1号） 多目的衛星（IGS）
	電波情報蒐集	×	×
	早期警戒	他國軍事衛星（美國的SEW）	他國軍事衛星（美國的SEW） 防衛省持有的實證感應器：予定
通訊		商用衛星（SUPERBIRD） 民生衛星（櫻花2號，日文：さくら2号） 他國軍事衛星（美國的FLTSAT）	商用衛星（SUPERBIRD） 民生衛星（絆，Kizuna，日文：きずな） 他國軍事衛星（美國） 防衛省持有衛星（Kirameki，日文：きらめき）
定位		他國軍事衛星（美國的GPS）	他國軍事衛星（美國的GPS）
氣象觀測		他國民用衛星（美國的NOAA） 民用衛星（向日葵，日文：ひまわり）	他國民用衛星（美國的GOES） 民用衛星（向日葵，日文：ひまわり）

資料來源：福島康仁，2017，〈日本の防衛宇宙利用―宇宙基本法成立前後の継続性と変化―〉，《ブリーフィング・メモ》，3月號，頁4。

　　面對區域日益加深的緊張氛圍，日本學者多數認同防衛與安保必須強化，添谷芳秀試圖從日本憲法第9條和美日安保的觀點，探討日本的對外關係和憲法觀念的變化。由於日本缺乏對安保的充分討論、左右派的對立、過度依賴美國等，添谷主張日本應該站在對戰爭的反省和進行修憲，並且與周遭鄰國合作。2015年安倍政

權提出新安保法制，並且容許以行政權方式解釋日本參與集體自衛權，試圖脫離戰後「第 9 條—安保體制」。新安保法制與日本安保相關的有《武力攻擊事態法》、《重要影響事態》、《國際和平支援法》，其他的法律則與國際安保和日本的貢獻相關。[10]

對日本防衛省而言，從太空狀況覺知可以事先察覺太空碎片等是否會攻擊到衛星，2019 年 12 月改訂的〈宇宙基本計畫工程表〉明記 2020 年成立「宇宙作戰隊」，以及為掌握飛越 X 波長防衛通訊衛星之太空碎片或不明物體特性等，預計 2026 年發射太空設置型光學望遠鏡升空等。另外，防衛省在山口縣設置有深太空雷達（Deep Space Rader），可同時追蹤數個目標，探知距離為 40,000 公里，與 GEO 觀測能力相當。防衛省以執行任務之衛星（如 X 波長通訊衛星、氣象衛星）和日本民生用途衛星為保護對象。此舉意味著事先防範機制仍置於和平憲法之下，不進行先發制人的行為。

基於 1969 年太空的和平利用決議以及 1985 年的一般化理論，自衛隊在使用衛星上僅限於通訊、氣象、定位、情報蒐集的功能，《宇宙基本法》第 1 條明記日本的太空利用秉持憲法的和平精神、第 14 條為追求國家安保，茲以設定國家的太空利用；進一步，2012 年修改 JAXA 法，也明文規定該機構的成立是為了與《宇宙基本法》統合，JAXA 是基於日本和平憲法的理念進行專守防衛活動。另外，該法第 24 條也說明當日本要推動國際合作，或為了維持國際的和平與安全，可採取必要之措施。[11]

太空利用涉及到日本的安保，2011 年《防衛計畫大綱》提及

[10] 添谷芳秀，2016，《安全保障を問いなおす「九条—安全体制」を越えて》，東京：NHK 出版，頁 11-12 & 193-194。

[11] 日本內閣宇宙戰略室，2012/9，〈宇宙外交・安全保障等の現状、課題及び今後の檢討の方向（案）〉，siryou5.pdf (cao.go.jp)，上網檢視日期：2022/9/27。

海洋、太空、網路空間要穩定的使用成為一個新課題。其次，從情資蒐集到強化情報通訊功能等，都必須開發且利用太空資源。日本與美國的共同訓練、設備使用等，也都需強化各種合作關係，透過國際和平協力活動，維持太空、海洋等航行安全。這些國際公共財的運作和氣候變動議題等，成為無論是區域或全球都要著手的嶄新議題。日本除了是美國的緊密盟友之外，也與歐盟、NATO（North Atlantic Treaty Organisation，北大西洋公約組織）等保持合作關係，範圍廣及海洋、太空、網路空間、大規模破壞性武器與運送導彈等軍縮或防止擴散，希冀在國際上能扮演和平的積極角色。因此為了能夠早期警戒和警備，必須在和平憲法理念下適當地進行情資蒐集、分析、共享等，包含太空科技發展的最新動向，都必須能夠多元且多樣地發展情資蒐集能力，以及強化情資司令塔的統合功能以進行分析和評估，建構各單位可以共同參與的情資、運用、決策的情報共享機制。[12]

在日本的《中期防》（2011-2015 年）上，主要在於強化情資功能、發展科技、深化美日防衛合作。伴隨日本安保環境的變化，為求可更靈活性對應，日本加強在無人機或太空利用時的科技發展，並試圖追求更廣泛且綜合性的警戒監視體制建構。因此要強化指揮或情報蒐集功能，發展科技是持續且刻不容緩的，如建立具有高度功能的 A Band 衛星通信網。如此在美日同盟的合作關係上，可共同對應海洋航行安全、氣候變動等全球性議題，藉以深化美日防衛合作關係。[13]

---

[12] 日本內閣宇宙戰略室，2012/9，〈宇宙外交・安全保障等の現狀、課題及び今後の檢討の方向（案）〉，siryou5.pdf (cao.go.jp)，上網檢視日期：2022/9/27。

[13] 日本內閣宇宙戰略室，2012/9，〈宇宙外交・安全保障等の現狀、課題及び今後の檢討の方向（案）〉，siryou5.pdf (cao.go.jp)，上網檢視日期：2022/9/27。

　　上述可視爲日本《宇宙基本法》通過後，朝向自主能力與穩定使用太空的動向。2014 年度防衛省預算有編列「衛星通訊系統的通訊妨害對策研究」（日文：衛星通信システムの通信妨害対策に関する研究），或是「防衛省、自衛隊的衛星保護相關調查研究」（日文：防衛省‧自衛隊の衛星防護の在り方に関する調査研究）等。2014 年修訂的「防衛省基本方針」也明記太空監視功能和相關專屬單位設立等，2017 年防衛省預算中也提出「太空監視系統的整備相關基本設計等」（日文：宇宙監視システムの整備に係る基本設計等）、「強化 SSA 相關設施整備和運用要領之準備態勢」（日文：SSA 関連施設の整備及び運用要領の確立に向けた準備態勢のさらなる強化），這些動向都可觀察出日本防衛省和自衛隊加強其在太空運作軍事和監視的功能，其他省廳也有加強與太空運作的動向出現。[14]

　　截至目前爲止，許多國家都已經成立太空軍隊，日本是在航空自衛隊下設太空軍、太空司令部、太空作戰部隊等，主要任務在於保護自國在太空的衛星、監視所有可能威脅國家安全的衛星甚或事前防止來自衛星的攻擊等。日本基於和平憲法不在太空行使自衛權，但是近來有些國家進行殺手衛星的試驗、太空垃圾的增加、彗星靠近地球等來自自然或人爲威脅增加，係有需要提高針對上述現象的監視能力。日本防衛省預計於 2026 年升空第一個 SSA 衛星，青木節子認爲未來有可能從現行的威脅監視思維轉向在太空行使自衛權。[15]

[14] 福島康仁，2017，〈日本の防衛宇宙利用—宇宙基本法成立前後の継続性と変化—〉，《ブリーフィング‧メモ》，3 月號，頁 5。

[15] 青木節子，2022，〈衛星をめぐる攻防の舞台　戦場としての宇宙〉，《中央公論》，第 136 期第 9 卷，頁 100-101。

貳、美日同盟

一、日本民主黨政權時期（2009-2012年）

　　美國的軍事改革過程中太空資產是一重要構成要素，從 90 年代的波斯灣戰爭到新世紀的全球性恐怖主義對抗等，都說明太空與安保的關聯性，以及保護太空資產對一國而言係重要的。[16] 美國是目前發展軍民兩用複合體最先進的國家，2008 年約有 660 億美元的規模，是全世界支出最多者。無論在國際太空站（International Space Station, ISS）計畫的運作或是月球、其他星球探勘等，美國都具有主導角色。分析美國太空發展的預算編列，其中占比最高者仍屬軍事安保性質，諸如負責偵察衛星開發和運用的國家偵查局（National Reconnaissance Office, NRO）、畫像情資的國家地理情報局（National Geospatial- Intelligence Agency, NGA）、導彈防衛局（Missile Defense Agency, MDA）等皆包含。[17]

　　美國對於太空戰（space operations）的任務（mission areas）區分有：提高太空系統的作戰力（space force enhancement）、支援太空系統（space support）、太空控制（space control）、透過太空的戰力運用（space force application）。當中尤以太空控制項目，在保障同盟國於太空活動自由時，也必須可以自由拒絕敵方的能力，進一步可分類有攻勢太空控制（offensive space control,

---

[16] 戶崎洋史，2010，〈宇宙利用の新たな動向〉，日本国際問題研究所主編，《新たな宇宙環境と軍備管理を含めた宇宙利用の規制—新たなアプローチと枠組みの可能性—》，平成 21 年度外務省委託研究，頁 1。

[17] 福島康仁，2010，〈宇宙を巡る各国・地域の安全保障その他の主要政策〉，日本国際問題研究所主編，《新たな宇宙環境と軍備管理を含めた宇宙利用の規制—新たなアプローチと枠組みの可能性— 》，平成 21 年度外務省委託研究，頁 4-5。

OSC）、守勢太空控制（defensive space control, DSC）、太空狀況覺知（SSA）。攻勢太空控制以拒絕太空活動的自由為目的，運用「破壞性」（destructive）和非破壞性的手段；守勢太空控制則是以保護太空系統為目的；太空狀況覺知是定義在以太空控制為基礎（foundation）的面向上。就此，美國整備太空監視網絡（Space Surveillance Network, SSN）來進行太空狀況覺知，以及增添地面觀測設施和 SSA 專用衛星。透過太空的戰力運用方面，是以太空資產或是透過太空使用武器來攻擊地面目標，諸如洲際導彈、導彈防禦系統等。[18]

美國在全世界佈署有早期警戒或軍事偵察等衛星系統、各式雷達等感應設施、飛行器搭載雷射或攻擊導彈之武器等，構成導彈防禦系統（Missile Defense, MD），並且將納入日本或歐洲等同盟國進行導彈防禦系統的合作關係（2010 年）。飽受北韓導彈威脅的日本，於 2003 年 12 月自民黨小泉純一郎內閣會議決議導入美國的 MD 系統和推動日本開發的導彈防禦（BMD）系統。如此美日共同開發的宙斯艦（日文：イージス艦）可提高反擊導彈的功能。[19]

2009 年 11 月日本民主黨鳩山由紀夫政權下召開的美日高峰會議，對於包含資安、抑制擴大、導彈防禦、太空運用等之安保面向，同意視為深化同盟的開端，具體的有狀況監視（intelligence, surveillance and reconnaissance, ISR）、通訊、火箭升空、氣象觀測、衛星定位系統、太空狀況覺知等。首先，在狀況監視方面，持

---

[18] 福島康仁，2010，〈宇宙を巡る各国・地域の安全保障その他の主要政策〉，日本国際問題研究所主編，《新たな宇宙環境と軍備管理を含めた宇宙利用の規制—新たなアプローチと枠組みの可能性—》，平成 21 年度外務省委託研究，頁 5-7。

[19] 金田秀昭，2010，〈弾道ミサイル防衛と宇宙問題〉，日本国際問題研究所主編，《新たな宇宙環境と軍備管理を含めた宇宙利用の規制—新たなアプローチと枠組みの可能性—》，平成 21 年度外務省委託研究，頁 25-26。

續情報蒐集衛星、民用光學／SAR 衛星（ALOS）的運作、預計雷達 2 號升空，但尚無電磁波情報蒐集衛星。通訊方面，使用各式的衛星，諸如 Sky Perfect JSAT Group 公司（日文：スカパーJSAT）發射的數位通訊衛星 Superbird、通訊衛星 JCSAT、Horizon 等。火箭升空方面，JAXA 持續開發由 ISAS 延續到 M-V 的改良、從 NASDA 延續的 H-Ⅱ A/B 兩系統，意即日本開發對應性和信賴性高且成本低廉的小型衛星發射技術。氣象觀測方面，運用靜止氣象衛星 GMS 向日葵 1-5 號（日文：ひまわり1～5号）、運輸多目的型衛星 MTSAT-1/2 向日葵 6-7 號（日文：ひまわり6、7号）等，運用於氣象觀測和航空管制使用，提高相關能力和多樣化目的運用。衛星定位系統方面，預計於 2010 年升空準天頂（QZSS）系統一個衛星，以及太空狀況覺知方面是以 JAXA 的太空觀測功能監視有限的太空垃圾、依據海上自衛隊 UP-3C 搭載先進紅外彈道導彈探測感測器系統（AIRBOSS），進行紅外線太空監視（BMD）的可能。[20]

美國太空軍事戰略方面，已經試圖爲了太空安全，發展各種國際法、規範、政策等。其次，也因爲太空安保面臨各種威脅或危機，伴隨議題日益複雜化，都必須更加靈活且有效對應之。2009年 1 月美國統合參謀長會議（Joint Chiefs of Staff）發表「太空任務」報告，太空任務的內容有：

1. 提高太空的軍事能力（space force enhancement）

情資、監視、偵察、導彈發射警報、環境監視、衛星通訊、太空的定位・航行・時機等；

---

[20] 金田秀昭，2010，〈弾道ミサイル防衛と宇宙問題〉，日本国際問題研究所主編，《新たな宇宙環境と軍備管理を含めた宇宙利用の規制—新たなアプローチと枠組みの可能性—》，平成 21 年度外務省委託研究，頁 35。

2. 太空支援（space support）

發射到太空的衛星・彈頭・物資等操作、衛星任務、於太空中物體會合操作（rendezvous operation）、讓同軌道上的物體間維持近距離的操作（proximity operation）、於太空喪失軍事能力後能快速建構等；

3. 太空控制（space control）

讓同盟國可自由進入太空的路徑，以及拒絕敵方進入太空的路徑，區分有攻擊式和防禦式太空控制。攻擊式太空控制（Offensive Space Control）意指拒絕（denial）、偽裝（deception）、混亂（disruption）、擾亂（degradation）、破壞（destruction）等方式防止敵人來打擊美國或第三國的太空能力。防禦式太空控制（Defensive Space Control）則是當美國或同盟國的太空能力受到敵人的攻擊或干涉，在其具有意圖時事前防衛；

4. 太空中適用的軍事

2008 年 7 月美國公布〈美國太空保護戰略〉（U.S. National Space Protection Strategy），主要方針是以提高衛星通訊和航行時國家間的太空互賴（space-related interdependence）。[21]

美國的「統合太空作戰」（Combined Space Operations, CSpO）力求強化抑制力、改善任務成果、強化對抗力、參與國資源最適化等，希冀能夠獲得太空的持續性、穩定性、自由地使用太空等。這些都需要多國間的「透明性與信賴形成機制」（Transparency and Confidence Building Measures, TCBM）運作，尤其 2012 年北韓

---

[21] 古川勝久，2010，〈安全保障・安全安心領域における宇宙能力の活用〉，日本国際問題研究所主編，《新たな宇宙環境と軍備管理を含めた宇宙利用の規制─新たなアプローチと枠組みの可能性─》，平成 21 年度外務省委託研究，頁 58-59。

發射大浦洞 2 號，在國際夥伴和溝通面向上更顯重要。[22] 2009 年 11 月美日高峰會議雙方同意在深化美日同盟當下推動太空合作關係，2010 年 9 月到 2012 年 9 月美日共召開 3 次在太空安保範疇的會議、2011 年 6 月美日 2+2 會議明確劃分太空的安保分工，以及 2012 年 4 月作為美日高峰會議成果報告書的「情況說明書：美日合作提案」（日文：ファクトシート：日米協力イニシアティブ），當中確認雙方在民生、安保等領域加強合作，並成立太空相關的對話場域。[23]

換言之，民主黨政權時期日本的安保重視有效利用太空的手段、國際合作（雙邊或多邊主義）等，相關課題有提高日本在國際上太空安保的位置，諸如偵查衛星等情資蒐集或衛星通訊、太空狀況覺知以進行導彈防禦、衛星定位、大規模災害發生時的遙測技術運用等。雙邊主義仍然強調美日同盟的重要性，多邊主義則是參與聯合國太空利用委員會、日內瓦裁軍會議（CD：Conference on Disarmament）、[24] 太空活動相關的國際行動規範（International Code of Conduct for Outer Space Activities）等。[25]

---

[22] 日本宇宙フォーラム，2013，《「宇宙開発利用の持続的発展のための"宇宙状況認識"（Space Situational Awareness: SSA）に関する国際シンポジウム」成果報告書》，http://www.jsforum.or.jp/2014-/IS3DU2013_Summary_jp.pdf，頁 11，上網檢視日期：2022/5/4。

[23] 日本內閣宇宙戰略室，2012/9，〈宇宙外交・安全保障等の現状、課題及び今後の検討の方向（案）〉，siryou5.pdf (cao.go.jp)，上網檢視日期：2022/9/27。

[24] 以減少核武、禁止生產武器使用之核分裂性物質條約（日文：兵器用核分裂性物質生産禁止条約，Fissile Material Cut Off Treaty）、消極性安全保證、防止太空的軍備競賽。

[25] 日本內閣宇宙戰略室，2012/9，〈宇宙外交・安全保障等の現状、課題及び今後の検討の方向（案）〉，siryou5.pdf (cao.go.jp)，上網檢視日期：2022/9/27。

二、日本自民黨安倍晉三政權時期（2012-2020年）

　　美國公布的太空作戰準則，意味著同盟夥伴關係、GPS 地理定位系統、衛星傳輸、太空垃圾、太空狀況覺知之重要性。然而太空戰的特性具有不可預測性、迅速性、事前防範重於攻勢。針對日本自衛隊受限於和平憲法，以及和平利用太空的性質，大國卻日益競逐炙熱的太空軍事，消極防衛已無法全然保障日本的安全。再者，美日同盟面對新穎太空威脅，由於太空戰的特性不可預測性、迅速性、事前防範重於攻勢等，可從 1. 美日安保提升到多次元防衛力的構成：不可預測性；2. 導彈防禦系統的佈署：迅速性；3. 太空狀況覺知等觀察美日安保的新動向：事前防範重於攻勢探討。

1. 美日安保提升到多次元防衛力的構成

　　2014 年安倍晉三內閣的新《防衛計畫大綱》和《中期防整備計畫》，是配合與美國國防部和軍需產業推動的「統合 Air, Sea, Battle（ASB，日文：統合エア・シー・バトル構想）而來，以防範未然將紛爭封鎖在一定的範圍內，以達成最終目標。ASB 係指在美軍權限內統合部隊之人員、訓練、裝備配置上，試圖提高戰鬥力、組織、訓練、裝備、指揮官等。此作戰構想是運用軍隊的能力，以戰爭的作戰程度，達成特定目的的手段或作戰方式，目的在於獲得公海等國際公共財和維持行動自由。換言之，ASB 不是戰略。對美國而言，以建構事前統合型的綜合部隊為目標，在與同盟國或夥伴進行陸海空、甚或虛擬空間（cyber）的協調和網路化賦予交戰的權限，借以提高同盟間的戰鬥能力。此構想沒有特定的敵國或區域，對應所有地緣關係，且不論何時、地點、型態等，都可直接面對所有威脅。[26]

---

[26] JB press，2014/5/6，〈議論の的の「エアシーバトル構想」とは〉，https://jbpress.ismedia.jp/articles/-/40501。

2015 年 4 月美日進行雙方太空監視的合作，在「美日防衛合作指針」修訂中（日文：日米防衛協力のための指針）表示需確保太空系統的強韌性、減少對太空系統的威脅或迴避被害，以及產生被害時可重新建構的合作事項等。同年美日防衛雙方成立太空合作工作小組（日文：日米宇宙協力ワーキンググループ），自此由美國主辦的太空狀況覺知相關多國間模擬演習日本皆有參加，明確加入美國主導的全球性太空狀況覺知。[27]

2015 年起安倍加強與美國在太空和資安的合作，2018 年《防衛計畫大綱》建立聯盟關係的合作備顯重要，以「多次元統合防衛力」為日本防衛的新思維，以及明確防衛加入「太空、網絡、電磁波」新領域；2019 年 4 月《中期防》強調太空、網路資訊等作戰防衛能力等。2020 年 7 月日本《防衛白皮書》指出，防衛範疇擴展到太空、網絡、資安面向；其他諸如 GPS 定位系統、ADIZ 雷達追蹤、航空母艦、無人機監視、準天頂系統等建構，都強化日本與美國的太空合作關係。甚至 2020 年日本成立宇宙作戰隊、2021 年 11 月日本宣布成立「第二太空作戰隊」，主要業務是進行監視太空狀態，避免衛星受到破壞。

2020 年起新冠疫情壟罩全球，但方興未艾的南海爭議於 7 月開始升溫。首先中國在南海舉辦軍演，美國也派出兩艘航母和四艘隨行船艦進入南海，有彼此較勁之味。9 月川普總統面臨 11 月連任大選的挑戰，擴大之前「開放的印太戰略」，增加政治、經濟、投資、社會等交流層面，變成「自由開放的印太戰略」（日文：自由で開かれたインド太平洋，Free and Open Indo-Pacific Strategy, FOIP），包含日本、韓國、印度、澳洲、紐西蘭等參與。美國在一連串印太夥伴關係的建構過程中，可以觀察出川普宣布退

---

27 福島康仁，2017，〈日本の防衛宇宙利用—宇宙基本法成立前後の継続性と変化—〉，《ブリーフィング・メモ》，3 月號，頁 5-6。

出 TPP（Trans-Pacific Partnership Agreement）、WHO（World Health Organization），但卻積極促成亞洲版小北約的形成。說明美國放棄多邊主義的國際協商，改採單邊的決策以確保期領導與競爭。美國的印太戰略可歸納有：(1) 雙邊或多邊的聯合軍演會更多；(2) 朝向太空、資訊發展的進程；(3) 四方會談的國家中，日印澳都有南北相對應的印太觀，而澳洲位於最南端，是作為第二島鏈防衛的關鍵；(4) 亞洲版小北約成形的可能性。

　　美國印太戰略重點之一的太空發展之外，另一個嚴峻的問題就是無人機的開發。在這方面美軍是領先全世界的，以航空母艦搭載無人爆破機，或開發搭載核武的次世代型無人長距離爆破機等。而中國擁有全世界第二多的無人機數量，2013 年中國為對抗美國，已經開始在釣魚台周遭投入無人機的操作。其他諸如軍用機器人，此方面雖然也是美國領先，並且探討減少陸軍數量的當下成立「機器人軍隊」。或者是中國或美國都已經經常性發動駭客攻擊，威脅現行危機管理體制，與以往美蘇核武對抗的冷戰模式不同。[28]

2. 導彈防禦系統的佈署

　　神古萬丈提出日本「防衛性的防衛」的概念，意即在美國協防的前提下加強導彈防禦能力。[29] 面對地緣政治上日益高漲的中朝威脅，軍事衛星的情資傳輸、導彈防禦系統的定位等都與地理定位系統息息相關。1998 年以前日本尚未有適用的導彈防禦系統，若是要發展的話，有陸基低層（LT）、海基低層、陸基高層（UT），以及海基高層第一與第二階段。[30] 而受到北韓的導彈威脅，日本的反

[28] 豊下楢彦、古關彰一，2014，《集団的自衛権と安全保障》，東京：岩波，頁 196-198。

[29] 神谷万丈，2019，〈日米同盟のこれから―同盟強化と対米依存度低減をいかに両立させるか― 〉，日本國際問題研究所主編，《安全保障政策のボトムアップレビュー》，東京：日本國際問題研究所，頁 32-34。

[30] Michael D. Swaine, Rachel M. Swanger、川上高志著，楊紫函譯，2002，

制措施可區分有攻勢措施、消極性措施、積極性防禦措施。發展至今，日本海上自衛隊擁有神盾級船艦係屬於護衛的「金剛級戰艦」（日文：こんごう型，Kongo-class destroyer）、「愛宕級護衛艦」（日文：あたご型，Atago-class destroyer）、「摩耶級護衛艦」（日文：まや型，Maya-class destroyer）。由於日本四面環海，因此在導彈防禦系統上呈現「高層海基、低層陸基」的原則佈署。在金剛級護艦上有標準三型反彈道飛彈，並且搭配與陸基愛國者反彈道飛彈的兩段式防衛。[31] 2013 年 4 月日本配合美軍在國內部署彈道導彈防禦系統（BMD），用意在於防範中俄威脅和北韓發射的導彈。美國以日本和關島作爲據點，派遣具有導彈防衛能力的神盾艦航行於日本海或太平洋。另一方面，美國的航空母艦從中東繼續航行到西太平洋，藉以防範導彈發射或緊急事態。美軍也與日本的自衛隊和韓國軍隊共享情報，充分做好警戒態勢。由於美國預測北韓可能朝向太平洋發射新型中距離導彈（射程約 2,500~4,000 公里），並且落在關島或夏威夷，因此派遣神盾艦航行於日本海或太平洋。而從南海到東海的範圍中，位於日本神奈川縣的橫須賀基地也有一艘神盾艦待命中。

2013 年 5 月美國國防部發表《北韓軍事及安保進展報告》（日文：朝鮮民主主義人民共和国の軍事および安全保障の進展に関する報告），預估北韓發射到達日本的導彈可能有飛毛腿 C（Scud C，九州北部和中國地方）、飛毛腿 ER（Scud ER，本州）、火星七號（MRBM，日本全部），擁有 250 座以上的發射器。若全部一起發射的話，神盾艦是無法全部防禦，PAC-3（日文：地上配備型迎擊

《日本與彈道飛彈防禦》（*Japan and Ballistic Missile Defense*），台北：國防部史政翻譯室，頁 v-vii。

[31] Udn，2020/10/14，〈金神盾或銀神盾的選擇？日本「陸基神盾」的千億國防僵局〉，https://global.udn.com/global_vision/story/8663/4932122，上網檢視日期：2022/12/4。

ミサイル）成爲最後的王牌。但是自衛隊只擁有 32 座 PAC-3，以
2 座爲一組的防衛地點限定在 16 個地方。日本防衛省在東京配置
有 6 組，故全日本要用 PAC-3 進行防衛的地方只剩下 13 個。與駐
沖繩美軍的嘉手納基地相比，美國在當地配置有 24 座，凸顯日本
本土防禦北韓導彈的不足。[32] 因此透過太空開發利用的衛星定位，
是可以更精準預測北韓發射導彈的足跡。

　　2016-2018 年間北韓兩次進行核試驗和發射超過 30 次以上的
導彈，執政的自民黨認爲相當危害日本的安全。而中國也加強阻礙
周遭其他國家軍事行動的能力，設立了太空、網路、電子戰一體化
的「戰略支援部隊」，開發攻擊衛星的武器（ASAT）等。對日本而
言，無論是北韓或中國都已經成爲周遭安保的威脅因素。[33] 在日本
的導彈防禦（BMD）體制中，自動警戒管制系統（Japan Aerospace
Defense Ground Environment, JADGE）係自動化傳達和處理指揮命
令和航行路線等情資，是一種全國性的防空兼反導彈飛彈的防衛系
統。該系統的啓動首先經由美國早期警戒衛星查知到北韓發射導
彈的熱源，並且傳達給自衛隊。爾後日本的反導彈防衛等相關情
資，透過自衛隊的自動警戒管制系統順利傳達，以及支援 BMD 統
合任務部隊指揮官的指揮統制，讓此警戒管制系統成爲日本自衛隊
和美軍共享情資的核心。[34] 相關示意圖請參考圖 3-1 之 2018 年日本
導彈防禦（BMD）體制。

---

[32] 半田滋，2017/4/5，〈对北朝鮮「ミサイル防衛」も「敵基地攻擊」も驚く
ほど非現実的である〉，https://gendai.ismedia.jp/articles/-/51364。

[33] 日本自民黨政務調查會宇宙・海洋開發特別委員會，2018，〈宇宙基本法
の着実な推進に向けて―第四次提言―〉，https://jimin.jp-east-2.storage.api.
nifcloud.com/pdf/news/policy/137477_1.pdf，頁 1-2。

[34] 日本防衛省，2018/7/20，〈第 2 回説明会資料〉，https://www.mod.go.jp/j/
approach/defense/bmd/pdf/20180720.pdf。

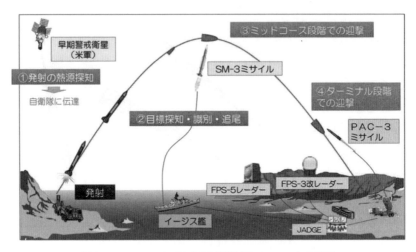

圖 3-1　2018 年日本導彈防禦（BMD）體制

資料來源：日本防衛省，2018/7/20，〈第 2 回説明会資料〉，https://www.mod.go.jp/j/
approach/defense/bmd/pdf/20180720.pdf，上網檢視日期：2022/12/4。

　　2017 年日本內閣會議決定引進陸基神盾，但 2020 年基於成本
與時間考量宣布停止部署陸基神盾，讓日本的導彈防禦系統出現大
幅度變動。[35] 2020 年 12 月 9 日岸信夫防衛大臣在自民黨國防部會、
安保調查會議表明，將以地面配備型迎擊系統「宙斯行動」（Aegis
Action）計畫的替代案中導入兩艘神盾艦。大幅延長陸地自衛隊 12
式地對艦誘導彈的射程，也表示將開發可從敵人射程範圍外攻擊對
象的「stand of missile」。[36] 但到了 2021 年 9 月北韓宣稱成功發射超
高音速導彈「火星 8 型」，2022 年 1 月日本防衛省公布再重新佈署

35　中央通訊社，2020/6/15，〈日本停止部署陸基神盾 飛彈防禦計畫大調
　　整〉，https://www.cna.com.tw/news/firstnews/202006150333.aspx，上網檢視
　　日期：2022/12/4。

36　日本共同通信，2020/12/9，〈イージス艦 2 隻導入の方針表明　防衛相、
　　誘導弾の射程延長も〉，https://news.yahoo.co.jp/articles/549d7c22af0211f378
　　1a047b52f7968c18a9ff6d，上網檢視日期：2022/12/4。

導彈防禦系統，藉以對應北韓超音速飛彈的成功。此套導彈防禦系統有別於以往，係以電磁波攔截導彈的技術，日本預計於 2030 年完成全部導彈防禦系統。[37]

3. 太空狀況覺知等美日安保的新動向

近來各國紛紛強調太空的重要性和大國在太空爆發衝突的可能，無論是殺手衛星或是太空垃圾（space debris）的產生，都有可能造成國家間的齟齬。Andrew Erickson 和 Lyle Goldstein 的《中國航太力量》（*Chinese Aerospace Power*）一書指出，美國長期具有科技優勢，未來若是爆發中美衝突，將有可能以太空閃擊戰（space blitzkrieg）方式呈現。中國雖不見得能夠在太空戰獲勝，但卻可以藉此威脅或攻擊美國的太空資產達到嚇阻的效果。[38] 美國面對此潛在性威脅，強調事前預防的太空狀況覺知之重要性。[39] 以美國為主導的太空狀況覺知（SSA），是以識別導彈、保護自國衛星、監視地球附近的星球等為目的，進行巡迴地球軌道上物體和環境的監視活動，相關的觀測數據除了機密資料以外，美國太空監視網（Space Surveillance Network, SSN）皆會公布。[40]

---

[37] 楚良一，2022/1/19，〈日本將如何對應朝鮮屢發超音速導彈？〉，https://www.rfi.fr/tw/%E5%B0%88%E6%AC%84%E6%AA%A2%E7%B4%A2/%E6%9D%B1%E4%BA%AC%E5%B0%88%E6%AC%84/20220119-%E6%97%A5%E6%9C%AC%E5%B0%87%E5%A6%82%E4%BD%95%E5%B0%8D%E6%87%89%E6%9C%9D%E9%AE%AE%E5%B1%A2%E7%99%BC%E8%B6%85%E9%9F%B3%E9%80%9F%E5%B0%8E%E5%BD%88，上網檢視日期：2022/12/4。

[38] Andrew Erickson & Lyle Goldstein, 2012, *Chinese Aerospace Power: Evolving Maritime Roles*, Annapolis, MD: Naval Institute Press.

[39] Paul Szymanski，2021，〈強權的太空手段〉，《國防情勢特刊》，第 9 期，頁 1-2。

[40] 金田秀昭，2010，〈弾道ミサイル防衛と宇宙問題〉，日本国際問題研究所主編，《新たな宇宙環境と軍備管理を含めた宇宙利用の規制―新たなアプローチと枠組みの可能性―》，平成 21 年度外務省委託研究，頁 30-31。

2011 年 6 月美日的 2+2 會議中已經提及太空狀況覺知的重要性，日本未來也朝向一元化太空狀況覺知的體制建構。2013 年 2 月安倍晉三首相訪問美國歐巴馬總統，決議雙方在 SSA 方面的合作關，以及太空外交或是安保、民生面向等。2013 年起日本積極參與以美國為首的太空狀況覺知，雙方簽署《太空態勢感知共享協議》，同年 12 月日本通過「國家安全保障戰略」以掌握太空情況。美國歐巴馬總統相對重視太空狀況覺知，或是與同盟國可自由使用太空的權力。[41]

觀察日本的《宇宙基本計畫》目的在於推動太空開發利用的基本方針、政府進行相關的綜合計畫或政策、推動《宇宙基本計畫》之政策等。2018 年《宇宙基本計畫》的規劃有確保太空安保、推動民用領域之太空使用、維持或強化產業和科技的基礎等。大致可區分有：(1) 太空項目的實施方針：定位衛星、衛星監視、衛星通信和傳播、太空傳送系統、太空狀況覺知、掌握海洋情況（Maritime Domain Awareness, MDA）、強化太空系統整體功能保障、太空科學、偵查、人類的太空活動等；(2) 支持個別項目的產業基礎、強化科技基礎政策：推動新創產業和擴大太空利用的組合、穩定供給基礎備品之環境整備等；(3) 強化太空整體利用的體制和制度；(4) 推動太空外交和相關領域的國際合作戰略等。[42]

川普上任後發布數次總統明令積極進行太空活動，2017 年發布〈美國太空開發政策的再造〉（Space Policy Directive 1），認為需擴大人類的活動範圍，與民間和國際夥伴共同領導具創新且持續的太空開發，以長期活用月球、往後朝向火星或其他星球發展為

[41] 福島康仁，2011/11，〈「宇宙空間で軍事的な挑戦を受ける米国—『暗黙の了解』の限界と オバマ政権の対応〉，《防衛研究所ニュース》，第 159 期，頁 1-4。

[42] 日本內閣府，2018，〈宇宙基本計画〉，https://www8.cao.go.jp/space/plan/plan3/plan3.pdf，上網檢視日期：2022/12/4。

目標。2018 年 5 月的〈有關太空商業利用的規制合理化〉（Space Policy Directive 2），是以商業用途升空的規制限制到最低、修改商業遙控規制，以及為了商業遙測活動活性化實施相關預算和制度的措施等。隔月（6 月）的〈太空交通管制（STM）政策〉（Space Policy Directive 3）則是因為太空垃圾或商業太空活動的增加，必須對應未來因為太空活動產生的風險；以及為發展 STM（Space Traffic Management）必須提高太空的安全性，確保美國可持續主導和自由的太空活動。2019 年 2 月〈成立太空軍〉（Space Policy Directive 4），即當敵國強化太空能力之際，為了守護美國的國家利益避免降低影響力，於空軍內成立太空軍。[43]

事實上，美國從歐巴馬政權時期開始，逐漸由 SSA 擴大到 STM 的關注，重點有：(1) 民生用太空交通管理（Joint Space Traffic Management, CSTM）從國防部移轉到民生單位；(2) 太空資源偵查或軌道上服務等新太空活動，相關認可的政府單位的選定和體制建構；(3) 小型衛星群或太空旅行等新型太空活動。[44]

太空軍作為一種新軍種，相關的規定、發展、管理等也挑戰一國或國際間的思維。美國的太空發展重點係「反制太空能力、太空狀況覺知、太空電子戰能力、太空會合及鄰近作戰（rendezvous and proximity operations, RPO）能力、以中段（middle-course）飛彈攔截系統對付低軌道衛星等。」另一方面，中國卻是積極發展反制太空的能力，諸如殺手衛星、反衛星能力、太空電子戰等非和平式手段。[45] 由於衛星移動和動態軌道運作，太空戰較傳統戰

[43] 日本內閣府，2019，〈宇宙を巡る情勢変化〉，https://www8.cao.go.jp/space/comittee/27-anpo/anpo-dai33/siryou3-2-2.pdf，上網檢視日期：2022/5/1。

[44] 小塚莊一郎、笹岡愛美編著，2021，《世界の宇宙ビジネス法》，東京：商事法務，頁 262-263。

[45] 舒孝煌，2021，〈美國太空軍及未來太空安全挑戰〉，《國防情勢特刊》，第 9 期，頁 36-38。

爭在空間和時間的控制性低，需要高精密的地理圖解（graphical solutions）與高速動態電腦處理能力。針對上述太空戰的特殊性，事前的衛星軌道安排和可能在爆發大規模衝突前即已結束，因此人造衛星和太空狀況覺知決定攻擊性武器的成效。[46]

太空範疇也與地緣政治、安保相關。2018 年日本的《防衛計畫大綱》提及太空狀況覺知與安保相關，鈴木一人認為太空系統已經成為現代安保上不可欠缺的，但同時太空系統也非常脆弱。因為所有的設備都必須從地表上升空，往往容易受到外部衝擊或電磁波攻擊而喪失機能；或者太空垃圾的產生、防災、氣象觀測等都與太空系統有關。衛星與地面設備進行通訊或接受 GPS 信號時，電波若是受到遮斷，相關通訊或信號則無法傳達給衛星，讓衛星喪失功能運作。此點雖與傳統作戰的物理性攻擊不同，但透過妨礙電波（Jamming）、傳送假訊息讓對方混淆的電子偽造（Spoofing）、強力刺激偵察衛星的鏡頭或感應器，使其功能麻痺的閃耀攻擊（Dazzling）等，這些都迥異於傳統作戰、卻有效讓地面的衛星管制系統失效。因此透過太空聯盟進行的太空狀況覺知，是有助於同盟國之間的訊息傳遞、太空垃圾的清除等。再者，一國位在太空的資產或衛星究竟是受到攻擊，或是因為老舊、受損而導致無法運作難以判定。太空戰爭的不確定性和曖昧性，以及受到攻擊時究竟要採取多少力道的反擊，這其中又牽涉到比例性問題（proportionality）。[47]

2019 年 4 月日本的定位航行衛星「Michibiki」5 號機搭載美國 SSA 感應器，預計在 2023 年升空。2021 年日本防衛省提出往後發

---

46 Paul Szymanski，2021，〈強權的太空手段〉，《國防情勢特刊》，第 9 期，頁 5-11。

47 鈴木一人，2022，〈宇宙と安全保障〉，http://ssdpaki.la.coocan.jp/proposals/44.html，上網檢視日期：2022/4/5。

展重點之一的強化 SSA，係整頓 SSA 衛星（太空設置型光學望遠鏡），2021 年度預算爲 175 億日圓，內容爲 2026 年前著手衛星設計等、多機運用 SSA 衛星、進行軌道上服務的調查研究等；其次，整備 SSA 系統，2021 年度預算爲 113 億日圓，係與美軍和國內相關單位共同攜手進行太空狀況覺知等機器設備。JAXA 整合位於岡山縣的雷達和光學觀測設施、茨城縣的筑波太空中心 SSA 解析系統，而防衛省則是運用位於山口縣的深太空雷達。[48]

由於通訊衛星牽涉到軍事武器的情報傳送等，因此破壞此類衛星係成爲主要攻擊目標。[49] 就此，事前的監視機制相形重要。美國的太空軍於 2020 年出版《太空權：太空部隊準則》(*Space Power: Doctrine for Space Forces*)，是首次公布太空作戰準則的內容，未來朝制太空權發展。當中以「爲美國及合作夥伴創造安全環境、透過 GPS 和通信實現各地作戰任務、以新的方式在太空中移動資源、更容易轉移數據、追蹤太空碎片及其他太空事件」爲核心業務。意味著同盟夥伴關係、GPS 地理定位系統、衛星傳輸、太空垃圾、太空狀況覺知之重要性。[50] 以往日本遙測技術中心（the Remote Sensing Technology Center of Japan, RESTEC）早期發展不錯，但因爲政府預算減少以及加重防衛關係，目前已被自衛隊規模和技術凌駕。[51]

中國近年來積極發展殺手衛星（ASAT），2007 年 1 月成功發

---

[48] 日本防衛省，2021，〈防衛省の取組および今後の方向性〉，https://www8. cao.go.jp/space/comittee/27-anpo/anpo-dai41/siryou3_2.pdf，上網檢視日期：2022/12/4。

[49] Paul Szymanski，2021，〈強權的太空手段〉，《國防情勢特刊》，第 9 期，頁 17。

[50] 舒孝煌，2021，〈美國太空軍及未來太空安全挑戰〉，《國防情勢特刊》，第 9 期，頁 40。

[51] 作者曾於 2022 年 11 月 22 日拜訪中央大學劉說安教授進行深度訪談。

射開拓者導彈 ASAT KT-1，截至目前已研發出定向能武器（directed energy weapons, DEW）、不定向能武器（non-directed energy weapons, NDEW）太空攻擊武器、殺手衛星、寄生星（parasitic satellite）、電磁砲（electrical/rail gun）等，具有摧毀美國太空資產的威嚇能力。[52] 後冷戰起中國承接俄羅斯在太空的強權積極發展航太，尤以 2015 年將傳統解放軍第二砲兵部隊升級爲「火箭軍」，和新設「戰略支援部隊」，包含網絡系統部、航天系統部和電子對抗旅等，與美國相抗衡的塵囂不言可喻。[53] 而美國也與英國、澳洲、紐西蘭、加拿大成立「五眼聯盟」（Five Eyes），旗下的「聯合太空作戰中心」（Combined Force Space Operations Command, CSpOC）係進行提高全球監視和聯合作戰能力。2020 年 5 月該中心甚至完成「小林丸」（Kobayashi Maru）的研發，讓五眼聯盟成員和其盟邦可以簡易取得太空狀況覺知的數據，得知衛星發射、太空物體重返大氣層等狀況，有助於同盟國的快速掌握太空狀況。[54]

2016 年中國宣稱成功發射「墨子號」量子科學實驗衛星，意

---

[52] 林宗達，2011，〈探索中共太空攻勢作戰武器〉，《展望與探索》，第 9 卷第 8 期，頁 77。

[53] 葉梓明，2019/10/29，〈【內幕】星戰計劃重演？中美太空爭霸（上）〉，《大紀元》，https://www.epochtimes.com/b5/19/10/25/n11611319.htm，上網檢視日期：2022/4/5。

[54] 王光磊，2020/5/13，〈提升聯盟資訊共享 美太空軍公布「小林丸」平台〉，《青年日報社》，https://tw.news.yahoo.com/%E6%8F%90%E5%8D%87%E8%81%AF%E7%9B%9F%E8%B3%87%E8%A8%8A%E5%85%B1%E4%BA%AB-%E7%BE%8E%E5%A4%AA%E7%A9%BA%E8%BB%8D%E5%85%AC%E5%B8%83-%E5%B0%8F%E6%9E%97%E4%B8%B8-%E5%B9%B3%E5%8F%B0-160000359.html，上網檢視日期：2022/4/7。冷戰期間美蘇也屢次進行殺手衛星試驗，1970 年蘇聯進行 3 機、1971 年 6 機、1976 年 7 機、1977 年 7 機、1978 年 1 機、1979 年 2 機、1980 年 3 機、1981 年 3 機、1982 年 2 機；美國則是 1985、1986 年各進行 2 機。青木節子，1999，〈南極・宇宙・海底での規制〉，黑沢滿編，《軍縮問題入門》，東京：東信堂，頁 187。

即透過搭載量子暗號通訊技術傳輸，相較於傳統的光纖傳輸，可以減少因光線產生的 300 公里無法傳送的缺點。目前全世界僅有中國發射，量子科學衛星成為未來中美在軍事和外交上的較量，且 2018 年中國與奧地利科學院進行合作，成功完成北京與維也納之間的洲際量子保密通訊。[55] 再者，2019 年 1 月中國也成為世界第一個成功在月球內側著陸，以「嫦娥 4 號」探勘月球環境。2020 年 7 月中國成功發射火星探查機，是次於美俄第三個成功登陸火星的國家。其他陸續有 2020 年的大型太空站基礎設施「天和」的發射，連結往後的「問天」、「夢天」等成為中國獨自的太空站建設。[56]

　　即使美國主導全球性的太空狀況覺知系統，但以美軍發展為主的 GPS 並非無遠弗屆，在歐洲可能需要藉由伽利略系統、亞洲日本的準天頂系統等來完善全球的通訊和傳輸，這些都需要建構太空聯盟和透過太空外交而來。中國亦不例外，2018 年中國啟動北斗衛星系統，鑲嵌在一帶一路戰略中的「天基絲路」。即中國向巴基斯坦、阿拉伯國家推動該衛星系統，並且與國際民航組織（International Civil Aviation Organization, ICAO）、國際海事組織（International Maritime Organization, IMO）、第三代合作夥伴計畫（3rd Generation Partnership Project, 3GPP）等三大國際組織進行合作，讓各國導航系統涵蓋中國的北斗系統。[57] 中國預計在2000-2020 年間共升空 55 個衛星來運作北斗衛星系統，扣除掉已停止或備用的衛星，仍有 35 個衛星持續運作，此數量已經超越過美國。讓北

[55] 中國科技網，2020/10/13，〈"墨子號"量子衛星：太空最耀眼的"科學之星"〉，http://www.stdaily.com/index/kejixinwen/2020-10/13/content_1027133. shtml，上網檢視日期：2022/10/3。

[56] 青木節子，2021，〈宇宙を支配する「量子科學衛星」の脅威〉，《文芸春秋》，第 99 期第 8 卷，頁 130-131。

[57] 蔡榮峰，2020，〈制太空權：太空軍事化趨勢與兩用科技〉，蘇紫雲、江炘杓主編，《2020 國防科技趨勢》，頁 163。

斗衛星定位系統取代美國 GPS 成為世界標準，是中國的太空戰略也是野心。[58]

新世紀起國際局勢出現許多變化，尤以東亞的中國崛起和北韓威脅等，都是牽引國際秩序出現變動的楔子。日本的周遭區域環境出現變化，其次，日新月異的科技也影響軍事防衛方式的組成。2018 年中國火箭升空 35 次，已經超越美國的 30 次，而且北斗定位系統的衛星數達 33 個，超越美國 GPS 的 31 個。2019 年中國首度進行月球探勘機著陸成功，也預計於 2022 年打造完成「天宮太空站」。[59] 2021 年 8 月美國成立太空系統指揮部（Space Systems Command, SSC），取代以往空軍進行領導的太空暨飛彈系統中心（Space and Missile Center, SMC），持續研發衛星、太空產業發展、導彈防禦系統、太空監視等。[60] 截至 2022 年 6 月中國已經成功發射火箭 55 次，超越美國的 45 次。美日同盟的日本亦同步跟進，雙方的合作關係不再侷限於多元化方式，更是提升到多次元防衛力的構成，包含太空和資安等層面。然而太空範疇和議題過於龐大，並非僅由國家主導可處理，加上太空開發具有跨領域性和專業性，必須有創新和活力的民間產業參與，始可讓國家在安保、防衛、經濟等面上獲得優勢。

---

[58] 青木節子，2021，〈宇宙を支配する「量子科学衛星」の脅威〉，《文芸春秋》，第 99 期第 8 卷，頁 131。

[59] 日本内閣府，2019，〈宇宙を巡る情勢変化〉，https://www8.cao.go.jp/space/comittee/27-anpo/anpo-dai33/siryou3-2-2.pdf，上網檢視日期：2022/5/1。

[60] 施欣妤，2021/8/17，〈美太空軍「太空系統指揮部」成軍〉，https://tw.news.yahoo.com/%E7%BE%8E%E5%A4%AA%E7%A9%BA%E8%BB%8D-%E5%A4%AA%E7%A9%BA%E7%B3%BB%E7%B5%B1%E6%8C%87%E6%8F%AE%E9%83%A8-%E6%88%90%E8%BB%8D-160000487.html，上網檢視日期：2022/12/4。

PART 2

日本的太空外交歷程：實務面

第四章
日本太空外交之發展
歷程與趨勢

　　冷戰時期美蘇透過太空競賽在地緣政治上產生其影響力，即使冷戰終結，美國、俄羅斯、歐盟、中國已被視為太空範疇中全世界四大強權，究竟其中，冷戰因子依舊殘存。由於太空研發成本過於龐大，靠一國之力要單獨進行是罕見的。[1] 新世紀的太空同盟關係牽涉到創新性與關鍵技術，與戰略布局息息相關。但舊蘇聯的太空聯盟關係與美國不同，前者是以哈薩克、巴爾幹國家、中東歐國家等共 14 國，加入「國際太空人計畫」（Interkosmos, 1967-1994）的太空勘查起，成為太空工業生態體系。反觀美國，是以太空經濟生態體系進行，與同盟國分享太空科技和推廣國際貿易；[2] 即使出自於戰略考量，其他同盟國也願意付出代價購買太空技術，而諸如日本、南韓、台灣等太空能力偏中小型者，反成為美國製造商的供應鏈和消費市場。聯合國和相關專門機構也認為太空產業具有社會、經濟、文化、環境變遷等多元複合性質，可驅動多重的現代產業發展。透過國際合作和太空外交可幫助開發中國家，同時也可以輸出太空能力和擴大產品市場。[3]

　　現階段各國倚賴太空發展已經成為重要的社會基礎建設之一，也基於衛星技術的運用構成安保的要素。為讓諸國可長期利用太空和確保太空資產的運作，國際間必須形成國際規範，並建

1　青木節子，2013/3，〈各国の宇宙政策からみる日本の宇宙外交への視点〉，日本國際フォーラム主編，《宇宙に関する各国の外国政策》，平成24年度外務省委託事業，頁 15。

2　美國的阿提米斯月球計畫（Artemis），2042 年以前供太空人可長短期於月球駐在地基地，從燃料供應的美國廠商 Eta Space（佛羅里達州）、Lockheed Martin（科羅拉多州）、SpaceX（加州）、United Launch Alliance, ULA（科羅拉多州），通訊方面的芬蘭 Nokia 建設月球的 4G 基地台，以供在月球進行相關設備使用傳輸、遙測、導航等，於月球建設基地時與紐澤西州的 AI Space Factory，使其可直接於月球採取原料建築。

3　廖立文，2019，《太空政策、國際政治與全球治理》，台南：成大出版社，頁 50-51 & 27。

構具有透明的太空互賴性。新世紀起太空範疇已不再侷限美蘇競爭，且各國對於太空的依賴度日漸升高，爲避免自國的太空資產被攻擊，或是因太空垃圾導致國際衝突的可能性，各國間需要形成「太空互賴性」關係。現實中，俄羅斯是國際太空站的參與國，中國接受俄羅斯的太空技術支援卻又獨自發展殺手衛星等，而美日歐又形成另一個太空聯盟關係，太空大國間要完全互信合作是有困難的。[4]在彼此太空信賴度不夠的當下，日本欲建構民主國家間的太空互賴性，具體實踐就是推動太空國際法制化和進行太空外交。太空外交係指，「國與國之間透過使用太空科技與技術應用的合作方式，建立起建設性、知識爲本的夥伴關係來解決人類共同面對的社會與經濟挑戰與難題的行徑。」[5]日本設定太空開發爲國家戰略之一，包含諸如民生產業發展的可能性、國際合作、太空外交等。

　　太空領域作爲國際公共財的範疇，諸國無論是衛星升空、氣候觀測、通訊傳輸等，莫不急起直追投入太空開發和累積太空資產。然而太空領域過於廣泛，僅靠單國一己之力係無法完成相關研發，必須透過與他國合作或技術提升始獲得成效。再者，從前爲了太空開發的技術各國相互合作，物換星移，現今的太空外交已經變成爲了在國際政治中保護自國的太空資產或技術而進行。而日本的太空外交則是以向亞洲諸國輸出相關設備，以及活用太空系統與各國建構相關國際合作爲目的。雖然太空大國仍屬中美俄等國，但近來低軌衛星的製造、升空等成本較以往降低許多，即使是亞太諸國也開始熱衷太空發展。下列就日本的太空外交歷程區分爲：聯合國等國際太空法制動向、日本與歐洲的國際合作、日本主導的亞太區域太空論壇、日本的外交太空與互賴性等探討。

---

[4]　福島康仁，2016，〈宇宙安全保障—世界の動向と日本の取り組み〉，《東アジア戦略概観》，東京：防衛省，頁29。

[5]　廖立文，2018，〈試論台灣在新國際太空賽局與全球太空複合治理體系中的定位與挑戰〉，《台灣國際研究季刊》，第14卷第2期，頁153。

壹、聯合國等國際太空法制動向

一、聯合國和平利用太空委員會

1959 年聯合國為了促進和平運用太空與國際合作成立了「聯合國和平利用太空委員會」（The United Nations Committee on the Peaceful Uses of Outer Space, COPUOS），下設科學技術小委員會（Scientific and Technical Subcommittee, STSC）、法律小委員會（Legal Subcommittee, LSC），以及為了減少太空垃圾的導引（Guideline）和太空活動之 4 條約和 1 協定。4 條約分別是 1967 年的《外太空條約》（日文：月その他の天体を含む宇宙空間の探査及び利用における国家活動を律する原則に関する条約，Outer Space Treaty）、1968 年《太空救助返還協定》（日文：宇宙飛行士の救助及び送還並びに宇宙空間に打ち上げられた物体の変換に関する協定）、1972 年《太空損害責任條約》（日文：宇宙物体により引き起こされる損害についての国際的責任に関する条約）、1976 年《太空物體登錄條約》（日文：宇宙空間に打ち上げられた物体の登録に関する条約）。1 協定則是《月球與其他聽球之國家活動協定》（日文：月その他の天体における国家活動を律する協定）。其他諸如衛星遙測原則或是太空中使用核能等原則，是由法律小委員會製作而成。

聯合國的太空法基本原則：1. 全人類皆可進行太空探查和開發；2. 自由的太空活動；3. 禁止占有太空；4. 和平使用太空，依據太空條約第 4 條限定軍事使用；5. 進行太空活動國家的責任集中原則，以及升空國之損害責任制度。但是在太空條約第 4 條允許一般武器和 ICBM 的存在（不允許大規模毀滅性武器），而且沒有明定國家必須和平使用太空的義務。相對地，卻在國家在其他諸如月球等星球上的行為，要求必須和平使用（exclusively for peaceful purposes）且不可以進行軍事性行為，包括建設軍事基地等。[6]換言之，聯合國的太空法與《月球法》的內容不一致，且沒有說明月球資源是否屬於全人類，以及國際法的簽署成員國不一，凸顯國際法的弱法性質，不具明顯的約束力。

有關遙測衛星方面，起初基於冷戰背景美蘇雙方都不願意自國的情況被另一方監測，70 年代開發中國家也不願意自國的自然資源被其他大國覬覦，產生國際間對於遙測衛星使用的爭議。為此，1986 年聯合國大會通過「遙測原則」，與軍事偵察衛星無關，但僅限於自然資源管理和土地利用的民生用地球觀測衛星的活動之相關內容。其用意在於地球觀測無關經濟性、社會性、科技性等發展程度，而是考量到開發中國家的需求並包含所有國家的利益，即使無一國同意也可進行圖像攝影，公開其相關數據。對開發中國家而言，是可獲得地球觀測數據的解析技術支援，並且得到衛星圖像或數據。同時也可活用在環境問題或是發生災害之際，為人類全體生活導向運用的可能性，但此時尚未通過商業用遙測相關原則。[7]

另一方面，2000 年聯合國訓練調查研究所（United Nations Institute for Training and Research, UNITAR）購入商業地球觀測衛星蒐集而來的數據，提供給進行人道救援、永續發展、人類安保等相關的區域 GIS 數據之聯合國衛星中心（United Nations TAR Operational Satellite Appilications, UNOSAT）。其目的在於讓其他國際組織或區域單位可以與開發中國家合作解決相關問題，也可讓團體或是 NGO 合作，在衛星數據為基礎之下，擴大更多具有附加價

6　青木節子，2016/4/26，〈国際宇宙秩序形成の現状〉，https://www8.cao.go.jp/space/comittee/dai48/siryou4.pdf，上網檢視日期：2022/5/5。

7　鈴木一人，2011，《宇宙開発と国際政治》，東京：岩波書店，頁 249-250。

值功能的情報而形成的國際性網絡。[8]

　　第二，有關太空航行自由，伴隨衛星升空通過他國領空之際，《外太空條約》第 1 條並未明文規範太空航行自由。針對太空航行自由的主張有三種：1. 全部權利說：完全的太空航行自由；2. 部分權利說：須得到他國的許可；3. 否定說：不承認太空航行自由。[9] 1944 年國際社會通過的《國際民用航空公約》（又稱《芝加哥公約》，Chicago Convention on International Civil Aviation），訴諸締約國之間的主權領空和航行自由。該公約並未明確定義航空器，但在第 7 附約中規定航空器「指任何藉空氣之反作用力，而非藉空氣對地球表面之反作用力，得以飛航於大氣中之器物」。[10] 有關火箭的定義卻沒明文規範於《外太空條約》，僅在第 7、8 條使用「物體」（object）一語；[11] 以及《太空損害責任條約》和《太空物體登錄條約》中使用「太空物體」（space object）。此點意味著火箭的定義不明確，而且伴隨科技日益進步，人類發明嶄新的航空器都無法正確被規範到。相對地，若是規範或條約過於嚴苛或死板，在科技飛躍的時代反而成為阻擋太空發展的可能性。一般而言，諸如《芝加哥公約》的國際條約也並未將火箭視為航空器的一種，日本國內的航空法也是；但也有其他國家將火箭視為航空器的一種，諸如德國、

8　　鈴木一人，2011，《宇宙開発と国際政治》，東京：岩波書店，頁 237-238。

9　　相原素樹，2013，〈外国領空の通過を伴う人工衛星等の打上げにおける宇宙空間アクセス自由の原則の再検討〉，《慶應義塾大學大學院法學研究科修士論文》，頁 71-74。

10　ICAO, 2006, "*Convention on International Civil Aviation*", https://www.icao.int/publications/Documents/7300_cons.pdf, date: 2022/11/9.

11　UN Office of Outer Space Affairs, 1966, 'Treaty on Principles Governing the Activities of States in the Exploration and Use of Outer Space, including the Moon and Other Celestial Bodies', https://www.unoosa.org/oosa/en/ourwork/spacelaw/treaties/introouterspacetreaty.html, date: 2022/11/9.

土耳其等。[12]

　　戰後聯合國通過「國際太空法原則」（corpus iuris spatialis），但是對於太空的和平利用長期以來卻備受爭議。[13] 目前約有 77 個國家和 30 個國際組織加入聯合國的《外太空條約》，採行共識決方式，探討如何和平使用太空和國際合作、情報交換、法律問題等，卻沒討論有關軍事使用。但在《外太空條約》第 4 條提及需和平使用，意即禁止使用 WMD（Weapon of Mass Destruction，大規模殺傷性武器）。而部分軍用武器並非核武或是大規模殺傷性武器，故意味著國家可以使用部分軍用武器於太空當中。美國主張「非侵略性」的使用太空的理由在於，當太空技術發展於軍民兩用或太空任務時，可讓軍人或運用在軍備上。故《外太空條約》要如何和平地使用，也出現各方不同的定義。2006 年聯合國大會決議「於太空進行活動時之透明性和信賴機制」（TCBM），以促成資訊共享，讓各國相互理解、避免誤會產生、防止軍事衝突、確保區域或全球安保的穩定性等。

　　2007 年 1 月中國進行殺手衛星實驗，從國際法角度分析：1. 在距離地面 865 公里的軌道上，以中距離導彈破壞自國的氣象衛星，號稱「科學實驗」；2. 可能牴觸國際太空法規定，因為中國的試驗可能潛在性危害或干涉他國活動（《外太空法》第 9 條），以及必須提供國家進行太空活動之性質、實施情況、場所、結果等資訊義務（《外太空法》第 11 條）。2007 年 1-3 月聯合國召開裁軍會議（Conference on Disarmament, CD），美日歐盟都表示擔憂，2 月 COPUOS 在科學技術小委員會中也表示擔心，直到 6 月才通

---

[12] 相原素樹，2013，〈外国領空の通過を伴う人工衛星等の打上げにおける宇宙空間アクセス自由の原則の再検討〉，《慶應義塾大学大学院法学研究科修士論文》，頁 79-80。

[13] 黃居正，2021，〈特邀導讀〉，《國防情勢特刊》，第 9 期，頁 i。

過〈減少太空垃圾的導引〉（日文：スペースデブリ低減ガイドライン）。[14]鑒於中國發射殺手衛星成功，歐洲開始於聯合國內部提倡建立可長期進行的太空活動，2016 年 COPUOS 討論：1. 太空碎片的擴散；2. 低軌（LEO）、中軌（MEO）、靜止軌道（GEO）之太空利用時的安全；3. 電磁波的管理；4. 干擾太空系統的自然現象（太空天氣）、太陽耀斑（Solar flare）、微隕石（micrometeorite, micrometeoroid）等。[15]

最後，新世紀各國莫不在太空積極發射火箭或衛星升空，發射過後的殘骸或是壽命到期、損毀的衛星變成太空垃圾而形成對宇宙間的汙染。消極來看，會造成往後升空的衛星受到攻擊或占用軌道的可能性；積極來說，必須維持乾淨的太空環境，始有利於人類的永續發展。圖 4-1 說明各國的大氣圈核試驗、太空軍擴、因火箭或其他物體品質劣化造成的爆炸、新破壞性試驗導致衝突事故等造成太空環境的污染，就安保層面而言，可能產生新型態軍事威脅、破壞太空基礎建設、懷疑奪取軌道、攻擊網絡伺服器等。如此可能導致各國在太空上相互不信任的連鎖，以及欠缺透明性、信賴性，為避免此狀況，國際間必須針對裁軍、太空的國際監視・協議體制之必要性等，藉以防止紛爭或衝突的產生，建構具透明之信賴形成機制是刻不容緩的。

二、塔林手冊

目前國際太空法依然是以主權國家觀點進行制定，但鑒於

---

[14] 青木節子，2016/4/26，〈国際宇宙秩序形成の現状〉，https://www8.cao. go.jp/space/comittee/dai48/siryou4.pdf，上網檢視日期：2022/5/5。

[15] Xavier Pasco，2015，〈欧州連合─脅威への対応〉，《平成 27 年度安全保障国際シンポジウム報告書》，東京：防衛研究所，頁 98-99。

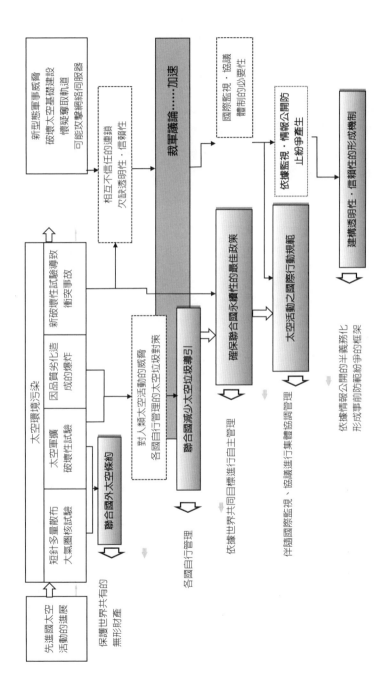

圖 4-1　從太空垃圾觀點的世界動向

資料來源：加藤明，2015，《スペースデブリー宇宙活動の持続的発展をめざして一》，東京：地人書館，頁 193。

2007 年愛沙尼亞受到俄羅斯大規模的網路攻擊，國際間於 2013 年完成塔林手冊（Tallinn Manual 1.0）第一版，規範網路戰爭時的內容；2017 年完成塔林手冊（Tallinn Manual 2.0）第二版，係規範和平時期網路行動的國際法規則。塔林手冊雖不是一個正式的國際法性質，但卻是目前美國與北約國家們的共識，當中仍以主權國家為基本單位探討國際法、網路空間的攻擊等。但太空並非屬於虛擬空間，而且行為者也非僅限國家，尚有企業，因此當在太空爆發衝突之際，是否適用塔林手冊的原則仍有待商議。[16] 雖然攻擊某國進行太空活動或資產的企業，可視為攻擊他國採取保護或反擊措施，但當一國無能力反擊之際，係可向同盟國要求協助，太空聯盟的重要性愈顯重要。透過太空外交進行雙邊、多邊簽署，或加入太空聯盟，讓同盟國可以採取行動於現今國際法尚無法完全規範的虛擬空間或太空。而協助被攻擊國的反擊，端看被攻擊國需要讓渡多少主權給予同盟國（塔林手冊 2.0 第 4 條）。[17]

　　基於太空戰爭的不確定性、國家主權問題、未來民間太空產業的發展、太空垃圾等問題，盡快在國際社會當中推動太空法制化是刻不容緩的。其次，諸如歐洲或日本的太空能力不如中美俄等太空大國，因而訴諸太空公共財，追求和平利用與提高民生水準，透過太空外交獲得話語權和共同使用太空，開啟太空合作的可能性。太

---

[16] 於太空爆發戰爭之際，究竟是否適用國際法出現兩派爭議。一派是以澳洲阿德萊得大學（University of Adelaide）為主的 Woomera Manual，另一派則是以加拿大麥基爾大學（McGill University）為中心論調的 MILAMOS（Manual on International Law Applicable to Military Uses of Outer Space）。兩者之間的爭議點在於太空物體的主權以及當受到攻擊之際，是否可以基於自衛權發動反擊之「國家固有權利」（inherent right of states to individual or collective self-defense）。鈴木一人，2022，〈宇宙と安全保障〉，http://ssdpaki.la.coocan.jp/proposals/44.html，上網檢視日期：2022/4/5。

[17] 廖宏祥、安藤正，2021/8/29，〈《自由共和國》廖宏祥、安藤正／從《塔林手冊》探討台灣應有的網路安全戰略（一）〉，https://talk.ltn.com.tw/article/paper/1469564，上網檢視日期：2022/4/6。

空合作強調的不僅是國家利益，也為了全人類福祉，意味著必須盡速建立一套國際通用的太空法。主權國家仍是在太空嶄新外交領域當中的主要行為者，太空的想像也超越目前國際法所能規範的，凸顯太空外交的重要以及協商、斡旋、合作的重要性。[18]

三、太空垃圾

　　日本自 1991 年起開始對太空垃圾進行調查研究，1993 年國際組織「太空碎片調整委員會」（Inter-agency Space Debris Coordination Committee, IADC）成立，目的是當發生人為或自然產生的太空碎片，進行相關的調解活動之國際性討論場域。1996 年日本制定了「防止產生太空垃圾標準」（日文：スペースデブリ発生防止標準），翌年 NASA 也制定了「抑制軌道上垃圾的導引和評價程序」（日文：軌道上デブリの抑制のためのガイドラインと評価手順，NSS1740.14: Guildlines and Assessment Procedures for Limiting Orbital Debris）。JAXA 為與國際相通，日本政府於 1999 年 2 月的 COPUO/STSC 中提案設置相關檢討委員會，但並未獲得支持。[19]

　　之後由 IADC 推動研究太空垃圾、與其他太空組織進行交流之外，還訂定減少太空碎片政策，2003 年進一步採用限制或減少太空碎片之導引（Space Debris Mitigation Guidelines），雖有多國家採用，但不具強制性。該導引的範疇包含有：1. 限制正常運作的物體；2. 防止軌道上破裂事故；3. 運作終止後的廢棄（從保護軌道

18 廖立文，2019，《太空政策、國際政治與全球治理》，台南：成大出版社，頁 41-42。

19 加藤明，2015，《スペースデブリ─宇宙活動の持続的発展をめざして─》，東京：地人書館，頁 165。

去除）；4. 防止軌道上的衝突。此導引帶來的政策效果即是 2007
年 12 月聯合國大會決議採用，以及提供保護地帶中觀測之初期框
架。換言之，無論是太空中決定物體軌道、物體行動等，具有與
SSA 識別程度之系統。[20] 國際社會雖然採用減少太空垃圾或碎片的
導引，前提是必須在各國良知下的善意遵守，才得以發揮制度的作
用。近來部分國家有意地進行試驗性破壞衛星、各國相互監視、舉
辦不擔負責任的國際會議等，都再再說明必須建構協調機制的重要
性。有關太空垃圾規範屬於「導引」原則性，意味著不具有強制性
和法拘束力。[21]

　　依據圖 4-2 所示，從 1995 年起太空環境逐漸惡化，到了 2007-
2008 年於太空的大型垃圾已高達一萬個，之後更是持續增長數量
中。各個太空國家雖然已經陸續著手制定相關標準，顯見各國有
各自基準不見得一致。2002 年先進國家進行太空垃圾調整會議，
2003 年 IADC 才制定減少太空碎片政策、2007 年聯合國相關導引、
2011 年 ISO 太空垃圾對策規格等。未來聯合國 COPUOS 將檢討太
空活動的長期永續性，以及推動太空活動之國際行動規範等，當中
最積極者為歐盟。歐洲的統合始自於 1993 年成立歐盟（European
Union, EU）以來，對於太空垃圾的見解，從早期 ESA 手冊，再到
2004 年減少太空垃圾之歐洲行動規範等，莫不朝向太空永續性的
目標前進。國際社會整體對於太空垃圾的管理，係上世紀美日標準
化和各國普及後，先進國政府間取得對太空垃圾管理的共識，進而
產生對聯合國的影響和擴及到全球相關產業（ISO）。國際社會希
冀透過法制化的太空垃圾管理，依據嚴格規格產生差異化、太空產

---

[20] アストロスケール，2020，《令和元年度内外一体の経済成長戦略構築に
　　かかる国際経済調査事業》調査報告書，日本経済産業省委託業務，頁
　　132。加藤明，2015，《スペースデブリー宇宙活動の持続的発展をめざ
　　して一》，東京：地人書館，頁 166。

[21] 鈴木一人，2011，《宇宙開発と国際政治》，東京：岩波書店，頁 252。

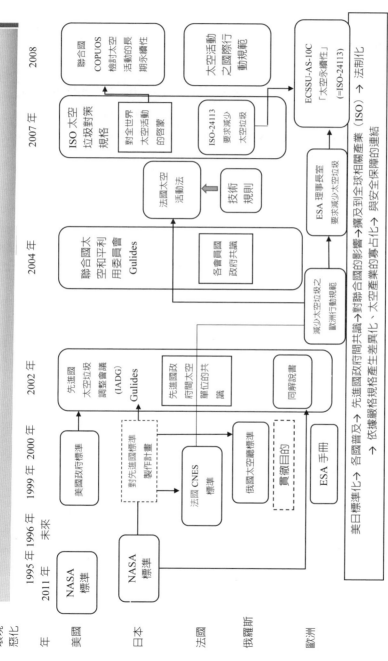

圖 4-2　國際間太空垃圾對應的沿革與未來課題

美日標準化 → 各國普及 → 先進國政府間共識 → 對聯合國的影響 → 擴及到全球相關產業 (ISO) → 法制化
→ 依據嚴格規格產生差異化、太空產業的寡占化 → 與安全保障性的連結

資料來源：加藤明，2015，《スペースデブリ─宇宙活動の持続的発展をめざして》，東京：地人書館，頁 167。

業的寡占化，形成與安全保障的連結。

　　2009 年 2 月聯合國和平利用太空委員會爲了太空活動可長期持續發展，發表有關太空垃圾監視等《聯合國太空政策》。2012 年聯合國事務局成立了「有關太空活動的透明性與信賴形成機制之政府專家團隊」（Group of Governmental Experts on Transparency and Confidence Building Measurers in Outer Space Activities, GGE），共召開 3 次會議，於 2013 年 9 月召開的聯合國大會提出最終報告書。有巴西、智利、中國、法國、義大利、哈薩克、奈及利亞、韓國、俄羅斯、羅馬尼亞、南非、斯里蘭卡、烏克蘭、英國、美國，共計 15 國專家參與，但日本並未加入，且該團隊的主席爲俄羅斯者，加藤明認爲當時並未進行實質討論。[22]

　　2012 年日本進行修法，內閣成爲擔任推動太空開發的司令塔單位，著手整頓整體相關體制。同年 4 月日本外務省首度成立「宇宙室」，藉以進行太空的國際合作或是整頓相關體制、法律等。日本外務省在太空開發面向上的功能，主要有盡快制訂太空活動的國際行動規範，避免於太空爆發事故或衝突。其次，減少太空垃圾之故意性的太空資產破壞、通報變更軌道，或是太空物體重新進入時之風險。若是他國有違反之可能，則需制定協議體制。最後在太空狀況覺知面向上，此點對日本安保相當重要，而且爲了確保他國太空活動的透明性，須形成太空互賴或信賴建構機制。2013 年 1 月日本內閣層級的「宇宙開發戰略本部」公布新《宇宙基本計畫》之外，積極與聯合國和平利用太空委員會或歐盟提議的「有關太空活動之國際行動規範法案」合作，以及研發解決太空垃圾的技術問題。爲確保各國可長期持續在太空的活動，國際間必須形成有一個具有共識的基本原則存在。諸如聯合國採用的〈減少太空垃圾的導

---

22 加藤明，2015，《スペースデブリー宇宙活動の持続的発展をめざして一》，東京：地人書館，頁 217。

引〉、太空相關的國際行動規範等遵守，這些都表示需要有「透明化‧信賴形成機制」（TCBM）的存在，也意味著太空外交、國際合作的重要性。

2013 年 2 月日本在東京召開「太空開發利用持續發展之太空狀況覺知國際研討會」（日文：宇宙開発利用の持続的発展のための "宇宙状況認識"（Space Situational Awareness: SSA）に関する国際シンポジウム）」，針對「國際行動規範和聯合國 TCBM/GGE 活動的預測」以及「亞太地區國際協調之期待」兩議題提出討論。青木節子表示有關 TCBM、行動規範、導引等具有各種定義。首先，TCBM 欠缺明確法定義，而是包含理念（idea）、概念（notion）、觀念（concept）的性質。因此要如何具體化並將其他要素包含入內形成行動規範，必須思考在沒有法律強制性之下如何建構此類新型規範，以及更具實踐性的導引內容。雖然聯合國和平利用太空委員會的科學技術小委員會來進行是最理想，但行動規範牽涉到尊重主權原則的問題，讓其不具法效力是否比較適當，並深入構成 TCBM 的一部分。[23]

2013 年 7 月聯合國的 GGE 報告書結論提及，「目前世界對太空系統、技術的依賴性提高，其所提供的情報將讓太空活動的持續性和安保面臨威脅，因此必須進行協調和對應。」相關的 TCBM 包含有太空政策、太空活動計畫和最終目標、公開太空軍事支出等、降低風險的太空活動通報、升空場地和設施訪問等國家太空政策之情報交換等。甚至改善國家間太空活動的相互關係、明確情報和不明狀況的調整和協調機制等，這些都是為了推動 TCBM 的成效，進而要求聯合國裁軍事務局、太空問題事務局、其他聯合國組

---

[23] 日本宇宙フォーラム，2013，《「宇宙開発利用の持続的発展のための "宇宙状況認識"（Space Situational Awareness: SSA）に関する国際シンポジウム」成果報告書》，http://www.jsforum.or.jp/2014-/IS3DU2013_Summary_jp.pdf，頁 11，上網檢視日期：2022/5/4。

織等之間來調整的可能。[24]

　　加藤明比較此 GGE 報告書和太空活動長期持續的狀況，認為在太空領域的 TCBM 可由太空活動、強化透明性、TCBM 標準來建構。首先，太空領域的 TCBM 有一般性 TCBM 規範、太空單位開發計畫的情報交換、公布國家太空政策與最終目標與和平目的太空探勘與運用；其次，在強化透明性面向上，可進行太空政策的情報交換、太空活動的情報交換‧通報、減少風險的通報、升空場地和設施的公開；最後，在 TCBM 標準方面，可藉由國際合作、協議機制、衍生其他活動、調整等進行國際調整，希冀達到國際社會的共識和遵守。請參考圖 4-3 GGE 報告的透明性和信賴形成機制的概念。

　　2015 年度日本《宇宙基本計畫》中 SSA 增加避免太空垃圾產生衝突項目，提及太空資產保護、監視可疑行動等安保目的。若是要避免太空衝突，則必須積極保護靜止衛星和低軌衛星等。防止靜止衛星的衝突，當日本上空的觀測衛星情況不佳之際，可透過美國 SSN 四所的望遠鏡來完善。尤其是美國的太空發展局（Space Development Agency, SDA）提供給多方使用靜止衛星者，日本若是與美國合作也可避免衝突產生。避免低軌衛星衝突方面，則是日本與美國簽署的聯合作戰（Joint Space Operations Center, JSpOC）。但日本若是要更積極地從安保來考量，可從警戒功能、使用低軌物體的雷射觀測、運用他國的軍用雷達、提高觀測頻率等，以更多層面的方式進行。[25]

---

[24] Digwatch, 2013/7/24, '2013 UN GGE Report of the group of governmental experts on developments in the field of information and telecommunications in the context of international security (A/68/98)', https://dig.watch/resource/un-gge-report-2013-a6898, date: 2022/11/14.

[25] 加藤明，2015，《スペースデブリ―宇宙活動の持続的発展をめざして―》，東京：地人書館，頁 232-233。

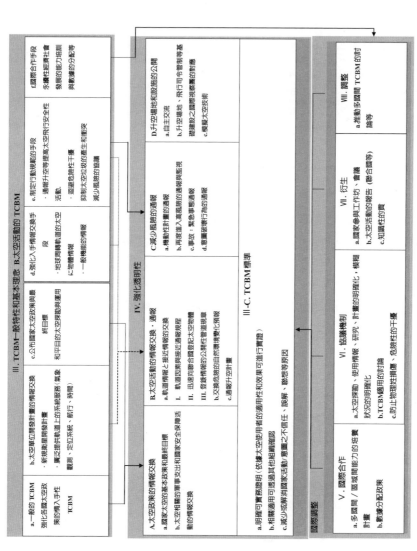

圖 4-3　GGE 報告的透明性和信賴形成機制的概念

資料來源：加藤明，2015，《スペースデブリ―宇宙活動の持 的発展をめざして―》，東京：地人書館，頁 218。

　　中美貿易戰之下夾雜太空科技的競賽，美國針對中國太空產業上脆弱的部分，加強國內法制的規範和出口，避免技術和智慧財產權被剽竊，進而被削弱太空能力。從 2020 年 10 月美國公布《關鍵與新興技術國家戰略》（National Strategy for Critical and Emerging Technology）報告、《出口管制改革法案（Export Control Reform Act, ECRA）的國內法實施，即可得知太空法制化的運用成為事前防範機制中重要的一環。[26] 為此，如何運用嶄新的太空科技並且和同盟國交流、提攜等，建構一個平台和法制遵守成為當務之急。2019 年 6 月聯合國和平利用外太空委員會為了減少太空垃圾和確保安全，採行了「關於太空活動長期持續的可能性準則」（日文：宇宙活動に関する長期持続可能性（LTS）ガイドライン，Guidelines for the long-term sustainability of outer space activities），由會員國自主性實施的太空指針。[27] 太空成為國際政治角力的另一個場域和國際秩序的形成，在權力政治宰制的太空領域，日本除了積極參與全球性太空組織之外，也於 1993 年成立「亞太地區太空機構論壇」（APRSAF），試圖成為亞太區域重要的太空強國。

　　2020 年 5 月中國大型火箭「長征五號」因為殘骸無法控制導致再度掉入大氣層，再度凸顯太空垃圾或碎片問題的嚴重性。而且也會因為大型殘片問題引發飛安的考量，如果延伸到地面上造成的損害中國當然要負起責任，但是若僅是對殘片考慮不周詳或是墜落是不違反國際法的。[28]

---

[26] 蔡榮峰，2020，〈制太空權：太空軍事化趨勢與兩用科技〉，蘇紫雲、江炘杓主編，《2020 國防科技趨勢》，頁 167。

[27] 武藤正紀，2021/10/29，〈持続可能な宇宙利用に向けた技術外交戦略 新たなリスクに対する官民連墼・国際協力による秩序形成〉，https://www.mri.co.jp/knowledge/column/20211029_2.html，上網檢視日期：2022/4/7。

[28] 青木節子，2021，〈宇宙を支配する「量子科学衛星」の脅威〉，《文芸春秋》，第 99 期第 8 卷，頁 134-135。

貳、日本與歐洲的國際合作

　　相較於中美大國競逐太空場域，歐洲重要國家諸如英法德的太空戰略，則是建立專責太空作戰單位、強化太空監視能力、提高太空資產的韌性以維持關鍵能力的運作等。[29] 要探討日本與歐洲在太空的國際合作，必須先了解戰後歐洲的太空發展，俾能釐清日本與歐洲的互動和合作進程等。歐洲的太空發展與美國不同，且戰後的德國受到戰敗影響被限制航太發展，歐洲要做到不倚靠美國的自主性太空發展，以及歐陸諸國間不因重疊發展造成資源浪費或過度競爭，係成為超國家間機制運作的戰略制定，且是運用於民生、以社會基礎建構為出發點的太空發展。[30] 以下就一、歐洲的太空發展：（一）歐洲太空總署的民生運用與歐盟的安保立場（1975-2014年）：1. 歐盟的 GMES（2003 年，哥白尼計畫）、SST（2006 年）；2. 歐洲太空總署的 SSA 計畫（2008 年）與歐盟的 SST；（二）歐洲太空總署與歐盟的合作：軍民兩用發展與國際法制（2015-2022 年），以及二、日本與歐洲的太空互動進行說明。

一、歐洲的太空發展

（一）歐洲太空總署的民生運用與歐盟的安保立場（1975-2014 年）

　　1964 年歐洲太空研究組織（European Space Research Organization, ESRO）成立，主要由研發者主導組織發展。由於

---

[29] 許智翔，2021，〈英德法太空軍事戰略與部隊發展之評析〉，《國防情勢特刊》，第 9 期，頁 64。

[30] 小塚莊一郎、笹岡愛美編著，2021，《世界の宇宙ビジネス法》，東京：商事法務，頁 112。

ESRO 的事務局規模小，且為了實現各國研究單位或大學創意，必須具有一定的靈活性，因此是屬於各國分權的組織運作。進而在組織經費分擔上，是依據「地理性平均分配原則」（fair return）來決定一國的經費分擔。換言之，是由會員國自行決定經費金額，爾後決定該國企業能夠獲得多少經費。對中小型國家而言，若是想發展相關技術，是可積極負擔相關經費；對諸如德、法大國而言，是可依據當下的財政狀況決定負擔金額，成為歐洲國家合作項目的良好運作。[31]

相對地，歐洲火箭開發組織（European Launcher Development Organization, ELDO）則是運作混亂的例子。肇因於會員國都想推動自國開發的導彈技術，但卻不願意開放給其他國家參考，歐陸國家最終無法順利升空火箭，只能倚靠美國的火箭升空，也影響往後民用衛星升空的進程。[32]就此，歐洲太空總署（European Space Agency, ESA）的前身是 1975 年歐洲火箭開發組織（ELDO）和歐洲太空研究組織（ESRO）合併而來，且發展方向也以運用於民生為主，總部設立於巴黎，目前共有 20 個會員國，也參與國際太空站的運作。

ESA 試圖成為歐洲太空發展的中心並且集中太空發展的量能，確保國家們持續投資太空和發展人類社會。歐洲各國都有國家級的太空單位，例如荷蘭有「荷蘭太空研究所」（Netherlands Institute for Space Research, SRON）、德國有「德國航太中心（Deutsches Zentrum für Luft- und Raumfahrt, DLR）等。歐盟各國太空單位既獨立，又可以在 ESA 及 NASA 的框架下共同合作，若

---

[31] Roger M. Bonnet, 1993, "Space Science in ESRO and ESA: An Overview", in Arturo Russo ed., *Science Beyond the Atmosphere: The History of Space Research in Europe*, ESA HSR-Special, pp. 1-28.

[32] 鈴木一人，2011，《宇宙開発と国際政治》，東京：岩波書店，頁 69。

是個別的計畫案，會尋求當地協力民間廠商參與。

　　另一方面，1993 年歐盟成立後，基於會員國內為交付農業補助款，而必須透過地球觀測衛星資料以預測農產品市場狀況。其次，90 年代巴爾幹半島紛爭導致 NATO 與美軍介入之下，紛爭地區的上空被指定為戰爭區塊的航空管制，致使相關的民航無法使用美國 GPS 系統來定位、航行等。第三，歐盟因為環境問題必須蒐集相關數據以分析和制定政策，這些理由都造成歐盟必須強化與 ESA 關係。1998 年雙方共同召開理事會、2003 年達成「框架協定」（Framework Agreement）以定期召開「太空理事會」（Space Council），決定歐洲整體的太空開發展略。[33]

　　EU 與 ESA 新關係的展開下，主要推動兩大重要計畫，一是定位系統的伽利略計畫，二是全球環境與安全監測的 GMES（Global Monitoring for Environment and Security）。首先，如前所述歐盟為開發自我的定位系統，因此以歐盟為主進行相關衛星製造和經費籌措，而非以往由 ESA 研發者主導的動向。其次，GMES 計畫將安保納入業務內容，這是基於 2009 年生效的《里斯本條約》而來，歐盟必須思考相關內容，並不與以往和平目的相違背。[34]

　　歐洲自後冷戰起開始重視軍事通訊衛星的重要性，認為需加強擁有衛星的能力。2001 年歐盟制定「歐洲太空戰略」，強化與歐洲太空總署的關係，並且維持與以美國為中心的北約互動，建構歐洲自我的太空體制。太空的相關項目有狀況監視（ISR），如 GMES 的海洋、公共設施的監視、維持和平、情報、早期警戒和支援危機管理對應等，以及 2011-2019 年進行 GMES 的太空零件等。衛星升空方面，Ariane 系列的升空，自 1979 年的 Ariane1-Ariane5、

---

[33] 鈴木一人，2011，《宇宙開発と国際政治》，東京：岩波書店，頁 88-89。
[34] 鈴木一人，2011，《宇宙開発と国際政治》，東京：岩波書店，頁 90-93。

Vega 朝向小型衛星發展，2009 年升空，以及建立地面相關基地。定位系統方面，發展伽利略之軍民兩用的衛星定位系統。此階段歐洲重要的太空計畫茲說明如下。

1. 歐盟的 GMES（2003 年，哥白尼計畫）、SST（2006 年）

2003 年歐洲的 GMES（日文：環境とセキュリティのグローバル・モニタリング，2012 年更名爲哥白尼計畫）是以監測歐洲與非洲的環境和安保相關活動爲主，功能在於包含支援難民等安保，或是災害監視等各種區域問題，成立國際性協會以建構衛星資訊系統。[35] 歐盟以往的太空發展重點置於氣象觀測、通訊衛星等民生用途，但 2005 年起開始重視安保，歐盟理事會首度提出「太空與安全保障」報告書。2006 年歐盟理事會的文民危機管理委員會（CCCM）的公文提及太空狀況覺知，必須從科學角度進行民生活動之外，還需要有軍事用途，意味著歐盟轉向重視安保和太空狀況覺知的發展。就此，歐盟開始推動集體安全概念的太空行動規範，以及歐盟版的太空狀況覺知和追蹤系統（日文：宇宙監視・追跡システム，Space Surveillance and Tracking, SST）。[36]

21 世紀起歐洲太空總署開始與歐盟合作，2007 年 4 月歐盟執委會（European Commission, EC）和歐洲太空總署共同發表「歐洲太空政策」（European Space Policy, ESP），最具代表性的合作爲伽利略定位系統，爲強化歐洲的國際競爭力，強調必須在太空範疇上提高公性質的投資效率。其重點爲：(1) 調整歐盟和歐洲太空總署之間的功能，減少兩方因功能重疊造成對太空投資的成效不彰；(2) 維持歐洲自我升空的能力；(3) 強化民生與防衛之間的合作、提高

---

35 石田中，2009，〈アジアが一つになり地球規模の災害・環境問題の改善へ〉，https://www.jaxa.jp/article/special/asia/ishida01_j.html，上網檢視日期：2022/4/27。

36 Xavier Pasco，2015，〈欧州連合—脅威への対応〉，《平成 27 年度安全保障国際シンポジウム報告書》，東京：防衛研究所，頁 96。

投資效果；(4) 確立歐盟、歐洲太空總署、會員國在國際關係上之調整機制，推動共同施策。意即往後歐洲的太空發展將明確各主要計畫和各方的分工，係歐洲首次統合太空政策的重大意義。[37]

2008 年歐盟發表〈歐洲太空政策報告書〉（European Space Policy Progress Report），[38] 同年 12 月歐盟通過「太空活動之國際行動規範」的草案（日文：宇宙活動の国際行動規範，International Code of Conduct for Outer Space Activities, ICOC），為提高太空的安全、安保、預測之可能性，以及完善當時太空法內容為目的而製作，是一個有關太空安保（safety and security）全方位路徑的行動規範，但不具有強制性法效力，屬於一種軟法（soft law）。[39] 參與此行動規範的國家，為了讓太空間的資產因為事故、衝突、他國對太空和平利用產生有害的干涉之可能性降到最低，事前理應整備好國家政策或程序，以減少太空垃圾的產生、避免對太空資產的損害或破壞行為等。進一步，應以此規範做為協議機制，明記太空活動之通報、情報共享、太空資產之登錄等。[40]

---

[37] 伽利略系統是 1999 年開始啓用在民生商業用途，但現在也包含安保防衛性質，也可支援美國的 GPS 系統。然而直到 2008 年該系統預計發射 30 個衛星，卻因為民間企業要負擔 2/3 的費用以進行衛星配備和地面設備，出現資金調度困難的局面。Commission of the European Communities, 2007/4/26, "European Space Policy", https://eur-lex.europa.eu/LexUriServ/LexUriServ.do?uri=COM:2007:0212:FIN:en:PDF, date: 2022/5/4. 科学技術動向研究センター，2007，〈欧州連合及び欧州宇宙機関、初の共同宇宙政策を承認〉，《科学技術動向》，6 月號，頁 10。

[38] Commission of the European Communities, 2008/9/11, "European Space Policy Progress Report", https://eur-lex.europa.eu/LexUriServ/LexUriServ.do?uri=COM:2008:0561:FIN:en:PDF, date: 2022/5/4.

[39] 軟法相較於硬法具有下列特性：(1) 法律制定與制度安排具有彈性，強制性較低；(2) 非司法中心主義；(3) 法位階不明確；(4) 法律的制定和實踐較具有民主協調性。

[40] 該行動規範的一般原則有：(1) 以和平目的進行太空探勘的路徑和活動自

　　然而歐盟的太空行動規範是基於各國自發性願意參與，讓各國通報相關情報和共享資訊。如此可減少太空垃圾或是當太空資產直接或間接掉落之際，可以排除故意性之行為臆測（第 4 節第 2 項）；事實上卻是存在有抑制實施殺手衛星試驗或攻擊的意圖。[41] 2009 年俄羅斯結束任務的軍事衛星和美國通訊衛星發生衝突，歐盟在日內瓦召開的聯合國裁軍會議（UN Conference on Disarmament, CD）提案「太空活動之國際行動規範」，要求簽署國必須秉持和平目的和保持衛星的安全性，重視使用太空的自由，不讓太空成為紛爭之地。此行動規範在 2010 年、2012 年陸續修正，美國於 2012 年 1 月表明也參加。[42]

2. 歐洲太空總署的 SSA 計畫（2008 年）與歐盟的 SST

　　以往歐洲諸國都是各自發展太空安保或防衛，新世紀起歐洲太空總署或歐盟內部單位共同合作發展太空。法國是歐洲最活躍於太空發展的國家，也是擁有最多軍事衛星者，相當具有建立 SSA 能力。[43] 2008 年同時間歐洲太空總署也推動「歐洲 SSA」計畫，積極進行與 SSA 的事項。這是因為歐洲太空總署和法國太空中心的衛

由：(2) 遵從聯合國憲章固有的個別和集體自衛權；(3) 基於信義原則的合作和防止有害的干涉；(4) 不讓太空成為紛爭的區域。

41　佐藤雅彦、戶崎洋史，2010，〈宇宙の軍備管理、透明性・信賴醸成向上に関する既存の提案〉，日本国際問題研究所主編，《新たな宇宙環境と軍備管理を含めた宇宙利用の規制—新たなアプローチと枠組みの可能性—》，平成 21 年度外務省委託研究，頁 91 & 103。

42　AFPBB News, 2012/1/19，〈宇宙における「国際行動規範」、米国も参加表明〉，https://www.afpbb.com/articles/-/2851732，上網檢視日期：2022/5/17。加藤明，2015，《スペースデブリ—宇宙活動の持続的発展をめざして—》，東京：地人書館，頁 211。

43　福島康仁，2010，〈宇宙を巡る各国・地域の安全保障その他の主要政策〉，日本国際問題研究所主編，《新たな宇宙環境と軍備管理を含めた宇宙利用の規制—新たなアプローチと枠組みの可能性—》，平成 21 年度外務省委託研究，頁 14。

星常發生衝突或太空垃圾等，而 SSA 計畫則是以提供地球軌道上的物體、太空環境，以及從太空來的威脅等之正確情資，尤其是監視各個軌道上的物體、太空氣象、NEO（Near Earth Object）觀測等。第一階段的「SSA 準備計畫」完成後，未來的系統、建構的設計、特殊要件、緊急要件等一連串事前服務的提供爲重點。另外從戰略角度上考量的監視雷達或望遠鏡也成爲重點之一。歐洲防務局（European Defence Agency, EDA）開始關注軍事太空的動向，提供民間太空組織往後進行地球觀測和太空監視項目時，相關軍事必要條件的內容。進一步，EDA、ESA、EU 與歐洲的太空相關製造廠商形成團隊，EDA 的功能在於讓成員國能夠協助 ESA，獎勵改善太空技術者。而歐洲各國政府或產業在硬體供應上面臨部分難題，即若無法形成規模市場，廠商將無法維持製造供應鏈。[44]

歐盟執委會提案成立太空監視追蹤（SST）系統，2014 年 4 月歐盟議會和理事會通過該案，彰顯歐洲日益重視國際太空行動規範。同時也意味著歐盟逐漸取得歐洲太空發展的主導權。SST 系統雖不具有軍事性色彩，卻含有安保意味，成爲往後歐洲太空政策內容形成的初期階段；此外也包含歐盟強化投資太空、迴避衝突、太空碎片風險管理、長期太空產業活動等，表達出歐洲對太空發展的整體戰略內涵。SST 系統起源自 ESA 推動的 SSA 準備計畫，該計畫具有追蹤太空物體和數位化、太空物體之影響和特性掌握、分析太空天氣、接近地球之小行星的早期警戒等功能。[45]

在 2021 年以前歐盟尚未通過《太空法規》和成立太空計畫局

---

[44] 古川勝久，2010，〈安全保障・安全安心領域における宇宙能力の活用〉，日本國際問題研究所主編，《新たな宇宙環境と軍備管理を含めた宇宙利用の規制—新たなアプローチと枠組みの可能性—》，平成 21 年度外務省委託研究，頁 63-64。

[45] Xavier Pasco，2015，〈欧州連合—脅威への対応〉，《平成 27 年度安全保障国際シンポジウム報告書》，東京：防衛研究所，頁 100-102。

表 4-1　EU 與 ESA 的比較

	EU	ESA
成立時間	1991 年	1975 年
成員	主權國家	國家、企業、團體等
主權原則	成員國可讓渡部分主權	成員國各自主權
性質	安保觀點	民生運用
法律權限	制定《太空法規》（2021 年）、行動規範（2008 年）等	組織章程
財源	會員國依照比率出資	會員國依照強制性與選擇性比例出資

＊作者自行整理。

之前，ESA 與歐盟雖同為區域性國際組織，然而在許多面向上仍有許多差異，導致歐洲在發展太空時的緩慢進程和不協調。諸如雙方目標設定不一時或發生衝突，相關的協調或解決衝突機制為相形重要。雙方差異請參考表 4-1。

（二）歐洲太空總署與歐盟的合作：軍民兩用發展與國際法制（2015-2022年）

　　2015 年歐盟、ESA、會員國等歐洲公部門的太空年度總預算為 70 億歐元，僅次於美國的 400 億歐元規模，排名全世界第二。歐洲具有國際性高水準的商用通訊系統、衛星升空等技術，其製造衛星數量也占全世界的三成，是全球重要的太空產業者，也具有觀測氣象、太空偵查亮麗表現等。另一方面，ESA 雖具有高水準的太空科技，但新興國家的崛起、民間產業的活絡、太空新創產業等，也面臨後國際太空競爭環境的巨大變化和挑戰。[46]

---

[46] EU MAG，2017/2/28，〈EU の新宇宙戦略と日・EU 協力〉，https://eumag.jp/feature/b0217/，上網檢視日期：2022/7/26。

2019 年 11 月 ESA 決議投入 43.2 億歐元於 SSA，由於其成員來自歐盟會員國和諸如挪威的非歐盟會員國、加拿大等；歐盟的 SST 系統成員也包含有非成員國者（稱之爲 EUSST），[47] 因此無論是 ESA、EU、EUSST，2015-2020 年歐盟提供在太空狀況覺知補助款總額爲 167.5 億歐元。就歐洲各國情況來看，德國將重點置於 SSA 的制度研究，西班牙積極進行提供商業服務，以西班牙企業 Elecnor Deimos、GMV. 最爲有名，能夠提供商業 SSA 服務和相關軟體。[48] ESA 也與各國 SST 倡議緊密合作，意在促進歐洲自主性 SST 能力提供必要之研發，重點爲 SST 相關的軟體、網絡、技術標準化等。尤其作爲核心的軟體部分，包含後端處理和前端使用者服務。

ESA 原本就有不與軍事涉入太深的不成文規定，主要發展民生的太空開發運用。歐盟執委會也沒有提供給 ESA 有關軍事相關計畫的資金，但歐盟會員國卻贊成與軍事相關的太空計畫，諸如哥白尼（Copernicus）地球觀測衛星的使用者多數與軍事相關。又或者 ESA 的 SSA 提案也是以現有地面上雷達觀測系統，統合歐洲上空軌道上的狀況進行監視。歐洲多數軍事太空技術都是以民間太空科技爲基礎，未來朝向以軍民兩用的偵察衛星代替單獨觀測型的衛星，透過多數衛星運作構成網絡。如此將可以軍用和民間的合作來強化 SSA 的合作體制，之後還將加入法國的 GRAVES 太空監視雷達系統、Monge 系統、德國的 FGAN Tracking and Image Radar system、挪威的 GLOBUS II 雷達系統等。安保面向上的衛星，則有法國的早期警戒衛星 SPIRALE、英國的 SkySight 之小型衛星群

---

[47] EUSST 框架包含有感應網絡工作、數據處理、提供服務、SST 合作等。

[48] アストロスケール，2020，《令和元年度內外一体の経済成長戦略構築にかかる国際経済調査事業》調査報告書，日本経済産業省委託業務，頁 71-74。

以進行偵查功能。[49] 無論是 ESA 的數據或是歐盟 SST 系統、雙邊主義簽署的太空合作協定等，都牽涉到情資與安保，凸顯資料保護的重要性，避免國家機密外洩。[50]

歐盟的太空發展方針是以安保為主軸，訴諸提高透明度的集體安全和促進太空狀況覺知的能力。[51] 2016 年 10 月歐盟公布「Space Strategy for Europe」，重點為：1. 歐洲經濟社會的最大化太空利用；2. 促進歐洲太空產業的創新和確保國際競爭力；3. 強化前往太空管道的自立性；4. 促進國際合作和強化歐洲的國際太空存在，具體落實在哥白尼系統和伽利略系統。哥白尼系統為使用大數據的平台，可以讓衛星觀測數據與公共機關使用的地面數據相結合，直到 2030 年都可長期免費使用。由歐盟執委會運作此公共數據基礎建設，並且將相關需求進行衛星開發。伽利略系統是歐洲的定位衛星系統，以進化移動性為主，運用在鐵路、船舶、航空、汽車等所有交通系統上。[52]

歐盟挹注資金補助太空研發，以「Horizon 2020」（日文：ホライズン 2020）計畫實施，2014-2020 年總預算為 11 兆日圓，是歐盟有史以來最大規模的項目。[53] 2021 年 4 月歐盟通過《太空法規》

---

[49] 古川勝久，2010，〈安全保障・安全安心領域における宇宙能力の活用〉，日本国際問題研究所主編，《新たな宇宙環境と軍備管理を含めた宇宙利用の規制―新たなアプローチと枠組みの可能性― 》，平成 21 年度外務省委託研究，頁 64。

[50] Xavier Pasco，2015，〈欧州連合―脅威への対応〉，《平成 27 年度安全保障国際シンポジウム報告書》，東京：防衛研究所，頁 105。

[51] Xavier Pasco，2015，〈欧州連合―脅威への対応〉，《平成 27 年度安全保障国際シンポジウム報告書》，東京：防衛研究所，頁 95。

[52] 日本内閣府，2019，〈宇宙を巡る情勢変化〉，https://www8.cao.go.jp/space/comittee/27-anpo/anpo-dai33/siryou3-2-2.pdf，上網檢視日期：2022/5/1。

[53] EU MAG，2017/2/28，〈EU の新宇宙戦略と日・EU 協力〉，https://eumag.

（EU Space Regulation），將歐洲全部太空活動納入此法律規範，提出歐盟「太空計畫」（The Space Programme）總預算爲 148.8 億歐元。5 月歐洲成立歐盟太空計畫局（European Union Agency for the Space Programme, EUSPA），設立於捷克的布拉格（22 會員國），6 月成立「歐盟太空計畫」，確保哥白尼、伽利略、EGNOS（The European Geostationary Navigation Overlay Service，歐洲地球同步衛星導航增強服務系統）三大系統的持續發展。此外，太空計畫也預計挹注 10 億歐元作爲新創太空資金（CASSINI），以培植更多全球性太空企業。歐盟太空計畫局的設立，意味著取代歐洲全球衛星導航總署（European GNSS Agency, GSA）；其次，簡化和釐清各單位執掌與功能，由歐盟執委會進行計畫管理，太空計畫局負責相關應用程序的安全和開發，歐盟太空總署（ESA）擔任研發等。[54] 2022 年度 ESA 的年度總預算爲 48.1 億歐元，最多出資國爲法國的 11.78 億歐元（占 24.5%），其次爲德國的 10.17 億歐元（占 21.1%）、義大利的 3.8 億歐元（占 14.1%）等，請參考圖 4-4。[55]

2022 年 5 月歐盟爲建立安全連接衛星星座（secure connectivity satellite constellation）和歐盟太空交通管理聯合溝通（Joint Communication on an EU approach on Space Traffic Management, STM）提出兩倡議和立法草案，係「聯盟安全連接計畫」（Union Secure Connectivity Programme）的一部分，目的在於提供歐洲國家和軍事組織安全的通訊環境。聯盟安全連接計畫的總預算爲 60 億歐元，由於經費龐大，歐盟預計提撥 24 億歐元、成員國 16 億

jp/feature/b0217/，上網檢視日期：2022/7/26。

[54] 財團法人國家實驗研究院科技政策研究與資訊中心科技產業資訊室，2021/4/29，〈歐盟《太空法規》起飛 支援 148.8 億歐元歐盟太空計畫〉，https://iknow.stpi.narl.org.tw/Post/Read.aspx?PostID=17757，上網檢視日期：2022/5/18。

[55] ESA, 2022, "About ESA", https://www.esa.int/, date: 2022/12/4.

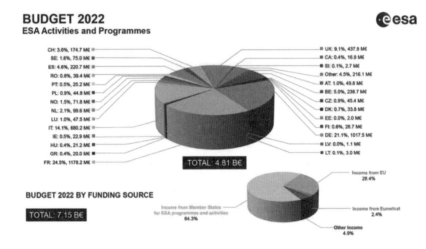

圖 4-4　2022 年度 ESA 的總預算

資料來源：ESA, 2022, "About ESA", https://www.esa.int/, date: 2022/12/4.

歐元、私部門的民間企業投資 20 億歐元。換言之，此計畫採行民間融資提案（Private Financial Initiative, PFI）方式來解決資金籌措和避免市場失靈的問題，在歐盟立法過程中稱之為「Option 2」。Option 1 屬於開發相同的星座，完全使用公共資金，屬於公共財性質；Option 3 則是歐盟投資和開發商業寬頻星座，類似集體財概念。太空交通管理（STM）方面，基於低軌衛星商機的爆發、重複使用火箭、民間倡議等，歐盟認為必須管控太空交通避免衝突發生，事前的法制制定和規範需採取行動。[56]

　　為避免各國於太空的運用產生衝突和監視地球軌道上物體的狀況，早於 2006 年國際航太學會（Internation Academy Astronautisc,

---

[56] 財團法人國家實驗研究院科技政策研究與資訊中心科技產業資訊室，2022/2/17，〈歐盟提出太空計畫草案 投資 60 億歐元推動寬頻星座 100 顆低軌道衛星〉，https://iknow.stpi.narl.org.tw/Post/Read.aspx?PostID=18811，上網檢視日期：2022/4/26。

IAA）即已製作太空交通管理（STM）的報告書。對 STM 的定義是「並非受到物理性或電波干擾，而是能夠從安全的太空管道返回，推動太空運用之技術和規制等規定」。構成 STM 主要有四範疇：一是太空狀況覺知，全球性掌握太空物體在某瞬間環繞哪個軌道的正確情資；二是通報制度，火箭升空的通報、軌道上操作或計畫性脫離軌道時的事前通報、衛星使用終了時或再度進入大氣層時的通報；三是運航規則，製作升空時的安全規則、軌道選擇規則、軌道上運用規則等相關具體的運行規則等；四是 STM 的國際管理制度須由政府間國際組織進行擔保。[57]

　　總言之，歐洲的太空發展起初是以歐洲太空總署以研發和民生用途為出發點，1993 年歐盟成立後對於太空的設定是以安保為重點。在歐洲太空總署與歐盟各自平行運作過程，肇因於 1998 年北韓發射導彈危機，促使歐盟開始強化與歐洲太空總署的互動關係。自此雙方共同發表「歐洲太空政策」，最具代表性的是軍民兩用的伽利略衛星定位系統；進一步歐洲太空總署開始推動「歐洲 SSA」計畫、歐盟提倡太空活動之國際行動規範等，顯見歐洲太空總署開始納入歐盟的安保觀點，而歐盟更是以超國家組織的性質，廣泛呼籲太空國際法之制定和討論等。最後，2021 年歐盟公布《太空法規》，明確歐洲太空總署作為歐洲太空研發的外屬核心單位，內部的太空計畫局成為掌握整體規劃和進程的司令塔領導者，呈現歐洲太空發展戰略的一元化（表 4-2）。

　　從公共治理的觀點來看，效率方面，除去以往歐盟與歐洲太空總署各自行政的方式，從早期交流、互動、到整合，可發現效率性的提高，且避免相同業務重疊導致資源浪費。效果方面，自雙方開始密切結合後，歐盟提供一定的財源資助，歐洲太空總署則在研

---

[57] 加藤明，2015，《スペースデブリ－宇宙活動の持続的發展をめざして一》，東京：地人書館，頁 200-201。

表 4-2　歐洲的太空發展歷程

時間	事項	內容
1975 年	歐洲太空總署誕生，偏向民生性質	參與國際太空站的運作
後冷戰起（1993 年 -）	歐盟開始重視軍事通訊衛星的重要性	需加強擁有衛星的能力
2001 年	歐盟制定「歐洲太空戰略」，強化與歐洲太空總署的關係	建構歐洲自我的太空體制
2007 年 4 月	歐盟執委會和歐洲太空總署共同發表「歐洲太空政策」	最具代表性的合作為伽利略定位系統
2008 年 12 月	歐盟公布「有關太空活動之 EU 行動規範」	有關太空安保全方位路徑的行動規範
2008 年	歐洲太空總署推動「歐洲 SSA」計畫	SSA 準備計畫、戰略上的監視雷達或望遠鏡配置
2008 年	歐洲防務局開始關注軍事太空的動向	提供民間太空組織往後進行地球觀測和太空監視項目時之內容
2012 年起	歐盟的「有關太空活動之國際行動規範法案」倡議	美國表明參加
2014 年 4 月	歐盟執委會提案成立太空監視追蹤（SST）系統	歐盟逐漸加重在歐洲太空發展的主導權
2016 年 10 月	歐盟公布「Space Strategy for Europe」	致力於歐洲經濟社會太空利用的最大化
2021 年 4 月	歐盟公布《太空法規》	歐盟逐漸加重在歐洲太空發展的主導權
2021 年 5 月	歐盟公布《太空法規》、「太空計畫」（6 月）	5 月歐盟太空計畫局成立
2022 年 5 月	歐盟的「聯盟安全連接計畫」	包含建立安全連接衛星星座和歐盟太空交通管理聯合溝通的兩倡議和立法草案

＊作者自行整理。

發和運用上強化安保和監視等功能。從「歐洲 SSA」計畫、「有關太空活動之國際行動規範法案」、太空監視追蹤（SST）系統、

「Space Strategy for Europe」、《太空法規》等，成效上也可觀察出歐洲一元化的太空戰略和發展。經濟方面，在各國重視太空商業活動的當下，發展軍民兩用複合體的太空產業，係有助於國家安保、民生商機、改善人類生活等。

二、日本與歐洲的太空互動

歐盟的太空外交方針為：1. 依據 ESA 會員國建議的太空項目發揮和實踐長期歐洲太空政策，以及會員國關注的議題促進國家間或國際組織的合作；2. 發揮和實踐太空相關活動和項目；3. 依據歐洲太空項目的協調和國家間項目，以及整合太空發展項目的衛星用途；4. 發揮和實踐產業政策以符合相關項目，並建議會員國可協調的產業政策。ESA 共有 22 個會員國，其他諸如斯洛維尼亞、拉脫維亞、立陶宛是準成員國（Associate Member）；加拿大則是參與 ESA 部分計畫。ESA 最成功的會員國間產業整合，是在補助款和具競爭力的產業量能，讓地緣上的衛星工廠能夠成為太空產業的供應鏈，提供良好構想和協調環境，讓特殊產業政策可客製化。[58]

1972 年 12 月日本與歐洲簽署〈日本與歐洲太空研究機關（ESRO）合作的交換公文〉（日文：宇宙開発に関する日本国と欧州宇宙研究機構（ESRO）との間の協力に関する交換公文），雙方基於和平目的進行技術交流、合作、實驗等。[59] 戶崎洋史認為日本的太空發展類似歐洲模式，從初期的民生運用到現階段重視安保的防衛功能。同時與其他國家或是非政府間組織進行技術合作，擴

---

[58] ESA, 2022, "Member States & Cooperating States", https://www.esa.int/About_Us/Corporate_news/Member_States_Cooperating_States, date: 2022/12/4.

[59] JAXA，2013，〈宇宙法〉，https://www.jaxa.jp/library/space_law/chapter_2/2-2-2-5_j.html，上網檢視日期：2022/5/6。

大太空使用的範圍和可能，也降低對太空安全的威脅或風險。2005年 12 月 JAXA 的光學衛星通訊實驗衛星「Kirari」（日文：きらり，OICETS）和 ESA 先端型數據傳輸衛星「阿提米絲」（Artemis）進行雷射光線之首次雙向光學衛星間通訊實驗成功。[60] 2007 年中國殺手衛星試驗成功，同時衝擊歐洲與日本對於太空的設定，從以往重視民生與和平目的，逐漸移向安保與監視的事前警戒功能。

　　後冷戰起歐日分別面對不同的區域強權威脅，同時雙方也具有太空衛星製造的合作關係。中國強權從以往無視太空的重要性（space denial）到利用太空控制南海、東海、西太平洋等，中國不僅提升太空能力，也運用太空蒐集來的大數據數位化，透過整體的軍事、外交、產業等混合手段，以國家安保太空活動維持國家利益。[61]

　　2007 年當歐盟和 ESA 邁向太空戰略的統合，以及 2008 年起歐盟推動太空國際行動規範，2009 年起歐日開始進行雙方的太空對話和協議。2010 年 4 月歐盟與日本的定期性高峰會議上表示，彼此確認強化雙方在太空合作的意圖，且以兩方政府層級對話之。2012 年 1 月日本對於歐盟主導的太空活動之國際行動規範倡議表示願意參與，無論是歐盟的 SST 計畫或是太空國際行動規範，都是一種太空外交行為，前提是需要共識或互賴性的建構。[62] 2014

---

[60] 戶崎洋史，2010，〈日本の宇宙政策・安全保障政策に寄与する形での宇宙に関するルール設計〉，日本国際問題研究所主編，《新たな宇宙環境と軍備管理を含めた宇宙利用の規制—新たなアプローチと枠組みの可能性—》，平成 21 年度外務省委託研究，頁 144-146。

[61] John B Sheldon，2016，〈日欧間での国家安全保障宇宙協力の機会と課題〉，防衛省防衛研究所編，《宇宙安全保障—諸外国の動向と日本の取組み》，頁 127。

[62] Xavier Pasco，2015，〈欧州連合—脅威への対応〉，《平成 27 年度安全保障国際シンポジウム報告書》，東京：防衛研究所，頁 107-108。

年 5 月日本出席該歐盟在盧森堡召開「太空活動之國際行動規範
法案」（日文：宇宙活動に関する国際行動規範案）會議，認爲太
空垃圾增加造成其環境的混亂，爲了太空可保持安全且永續的環
境，主張應盡速制訂新規則，且須與多數國家進行合作。[63]

　　歐盟主張太空屬於全人類，推動多邊主義運作規範太空活動的
國際行動規範，要求各國負起相關責任。在聯合國的場域中，也提
倡解決太空物體增加或垃圾變多之相關議題。日本的 JAXA 與歐
盟密切合作，2013 年日本歐盟召開高峰會議進行正式太空政策對
話，2014 年 10 月與 2016 年 3 月日本的國家安全保障會議、外務
省、文部科學省、JAXA、環境省代表者，和歐洲以及歐盟的「歐
洲對外行動廳」（European External Action Service, EEAS）、歐盟執
委會、ESA 代表者共同進行政策對話，主題圍繞航法（定位）系
統或地球觀測之國際合作等。日本與歐盟在太空產業合作也牽涉到
哥白尼計畫，如地球觀測或氣候變遷等臭氧層觀測、海洋監測、
自然災害管理支援等。哥白尼計畫中的數據或情資，無論是國際
合作夥伴或是所有使用者都是公開透明的。在衛星定位系統上，
日本與歐盟也在無人駕駛系統、3D、鐵路、農業、GNSS = Global
Navigation Satellite System 標準化等都有合作。[64]

　　由於 GNSS 具有高度的發展性，日本的「日歐產業協力中心」
（日文：日欧産業協力センター）負責推動歐洲伽利略計畫如何運
用在日本的商業，以「GNSS.asia」計畫進行之。「GNSS.asia」計
畫接受歐盟的「Horizon 2020」（日文：ホライズン 2020）資助，推
動歐盟與中國、印度、日本、韓國、台灣有關 GNSS 的產業合作。

---

[63] 日本外務省，2014/5/30，〈宇宙活動に関する国際行動規範に関す
る第 3 回オープンエンド協議〉，https://www.mofa.go.jp/mofaj/fp/sp/
page22_001078.html，上網檢視日期：2022/5/4。

[64] EU MAG，2017/2/28，〈EU の新宇宙戦略と日・EU 協力〉，https://eumag.
jp/feature/b0217/，上網檢視日期：2022/7/26。

JAXA 參加「Horizon 2020」的項目有「IRENA」（日文：大気圏再突入に向けた実証機の開発）、「THOR」（日文：未来宇宙輸送の熱保護における革新的な熱管理コンセプト）、「HIKARI」（日文：未来航空輸送における高速基盤技術）等。日歐產業協力中心於 2014 年啟動以「Space.Japan」為主題的活動，支援日歐太空政策對話中的商業活動。同年該中心也主辦「日歐太空論壇」（日文：日欧宇宙フォーラム），向日本介紹歐洲的太空科技等。2015 年該中心於東京召開「太空行為者會議－日歐合作支援」（日文：宇宙セクター会議－日欧提携サポート），歐盟共有 14 間相關企業參加，與日本企業進行 B2B 的會議。2017 年 2 月 15 日於東京召開「地球觀測圓桌會議」（日文：地球観測ソリューションに関する円卓会議），3 月召開歐盟訪日團之「日歐 GNSS 週」（日文：日欧 GNSS ウィーク）。[65]

　　歐日雙方在安保面上依舊依賴美國的領導，2013 年英日締結防衛裝備等共同開發框架和情報保護協定等，2015 年德日也簽署防衛裝備、技術移轉協定、葡萄牙開始進行海洋安保對話、與西班牙簽署防衛合作和維和活動之備忘錄等。即使如此，歐日在導彈防禦、海洋或太空領域的航行自由，並未見有簽訂利基型技術開發協定的動向。[66] 運用在太空、航太、海洋的航行自由，歐日之間都具有共通利害關係。由於歐日的國際貿易都需要保障海洋航行自由和航空交通管制為前提，因此在安保和經濟面向上需要保證太空航行的自由，建構一個安全且互賴性高的太空運作。歐日之間可進行太空產業供應鏈的合作、衛星產品的統一規格化作業、MDA 或 SSA

[65] EU MAG，2017/2/28，〈EUの新宇宙戦略と日・EU 協力〉，https://eumag.jp/feature/b0217/，上網檢視日期：2022/7/26。

[66] John B Sheldon，2015，〈日欧間での国家安全保障宇宙協力の機会と課題〉，《平成 27 年度安全保障国際シンポジウム報告書》，東京：防衛研究所，頁 130-131。

情資交換、軍事通訊衛星的相互合作等。

　　John B Sheldon（2015 年）認為若是要在硬實力（hard power）方面進行歐日安保合作，可從 1. 定期召開歐日安保太空會議以討論相關戰略設定；2. 共同評估威脅和推動太空活動國際行動規範；3. 雙方衛星合作；4.NATO 的太空功能還不彰顯，且會員國意見分歧，日本要全面與歐洲合作尚須努力，致力於雙邊主義發展太空的可能性較高。[67]

　　目前歐日太空合作的地球觀測項目是在偵查火星（Martian）、水星（mercury）或較遙遠的星球，ESA 和 JAXA 持續雙方合作關係，例如「BepiColombo 計畫」之水星探勘、「XRISM」之 X 光線影響和光譜任務（Spectroscopy Mission），主要在大學間推動。XRISM 早在 2020 年從種子島太空中心（Tanegashima Space Center）實施，日本與 ESA 合作致力推動和支援科技管理，ESA 也允許將觀測時間等成果分享給 ESA 會員國。ESA 和 JAXA 共同合作的範圍從地球到深太空，JAXA 的火星探勘計畫也與 ESA 的木星冰月探測器（Jupiter's icy moons Explore, JUICE）計畫合作。[68] 又或者 ESA 在宇宙起源學（cosmology）和天體物理學（astrophysics）運用太空紅外線望遠鏡（infrared telescope），ESA 和 JAXA 計畫共同學習更多的新天線知識以負擔未來通訊需求；ESA 預計使用 Hera 探測器任務，主導整合國際社會的星球防衛任務，以觀察 NASA DART（Double Asteroid Redirection Test）任務，衝擊二元的（binary）小行星迪迪莫斯（Didymos）。[69]

---

[67] John B. Sheldon，2015，〈日欧間での国家安全保障宇宙協力の機会と課題〉，《平成 27 年度安全保障国際シンポジウム報告書》，東京：防衛研究所，頁 136-137。

[68] ESA, 2022, "JUICE", https://sci.esa.int/web/juice, date: 2022/12/4.

[69] Emma Stein，2022/11/1，〈被俄羅斯拒載後，歐幾里得衛星、Hera 探測器證實改搭 SpaceX 火箭〉，https://technews.tw/2022/11/01/euclid-telescope-

近年來太空任務被要求愈來愈精密，要求能夠協調多個衛星進行觀測的組隊航行（日文：編隊飛行、フォーメーションフライト，formation flying）技術日顯重要。透過多個衛星繞行可進行地球磁場廣角多點同時觀測任務、親子 X 線望遠鏡衛星任務、紅外線干擾計任務等，這些都需要進行多衛星相對位置測量法、精密位置控制用感應器和推動裝置的開發、變更和維持 formation 演算法（algorithm）的研究等。就此，JAXA 與 ESA 共同進行 XEUS 計畫（The X-ray Evolving Universe Spectroscopy）。[70]

另一方面，由於 ESA 為歐盟發展太空的外屬單位，比較歐盟與日本在各自地緣政治上的太空策略，歐盟作為超國家機制的區域性組織，連結同為區域性組織的 ESA，建構多元化太空安保和研發，屬於集體安全的概念。日本則是以單一國家進行多邊主義的架構以形成亞太對太空開發的共識，但就規模、人力、成效性等來看，歐盟比日本較具競爭力。但若從公共治理觀點來看，日本政府在 JAXA 管理上較具有主導力量，比歐盟具有效率性；然而在亞太太空區域論壇上卻略遜歐盟，因為該單位屬於傳統性尊重各會員的主權原則，而非歐盟的超國家性。因此歐洲太空戰略的政治過程場域是在歐盟，日本則是在對外的區域論壇，若日本不具太空領導能力，即使主導亞太區域的太空國際法或行動規範，將不具明顯強制性，僅為形成呼籲口號。

---

spacex-hera-spacecraft/，上網檢視日期：2022/12/4。

[70] JAXA，2022，〈フォーメーションフライト〉，https://www.isas.jaxa.jp/j/enterp/tech/st/11.shtml，上網檢視日期：2022/8/14。ESA, 2022, "XEUS overview", https://www.esa.int/Science_Exploration/Space_Science/XEUS_overview, date: 2022/8/14。

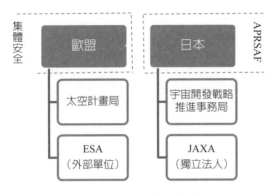

圖 4-5　歐盟與日本的太空體制比較（2021 年）

＊作者自行繪製。

參、日本主導的亞太區域太空論壇

　　面對競爭激烈的太空領域，首務之急便是制定太空共同規則以利各國遵循，1959 年成立的聯合國和平利用太空委員會（COPUOS）重任就是制定此規則。日本戰後因為和平憲法的框架，導致太空發展僅限於氣候、觀測、防災等非軍事性目的，加上 80 年代起美日貿易摩擦，日本的太空政策或戰略發展緩慢。但冷戰結束後，日本不僅為了配合美軍的防衛系統，更是在 1993 年成立「亞太區域太空論壇」（APRSAF），目的是促進亞太地區的太空利用，且具體討論太空範疇的國際合作。[71] 作為國際貢獻論的一環，日本推動太空法制化動向係以多元化太空外交進行，尤以日本參與創建太空規則的聯合國太空和平利用委員會、主導「亞太區域

---

[71] 日本外務省，2021/5/28，〈国連宇宙空間平和利用委員会（COPUOS）法律小委員会第 60 会期の開催〉，https://www.mofa.go.jp/mofaj/press/release/press23_000082.html，上網檢視日期：2022/3/10。

太空論壇」為主。在各國積極發展太空和發射衛星的環境下，有關軌道運行或周波數可能會重疊或相衝突的情況會增加，就此，發展一套全球性標準或是區域間相互適用的規範日益重要。當下日本除了面對隨時可能產生的太空風險或衝突之外，更需要積極拓展太空發展。[72]

「亞太區域太空論壇」（APRSAF）主辦者為文部科學省和JAXA，是自主性參加的會議，跟聯合國規定以主權國家身分別參加的方式不同，太空組織或是相關單位、產業界都能參加，藉以呼籲更多相關者參與。1993 年起召開第一次大會，往後每年定期於亞太地區進行，是以專家技術性為主的太空科技討論，請參考表4-3。

表 4-3　歷屆 APRSAF 大會（1993-2022 年）

	時間／地點	主辦單位／主題
第 1 屆	1993/9/9-10 日本東京	（舊）科學技術廳（STA）、（舊）宇宙開發事業團（NASDA）、（舊）宇宙科學研究所（ISAS）
第 2 屆	1994/10/31-11/2 日本東京	同上
第 3 屆	1996/3/13-15 日本東京	同上
第 4 屆	1997/3/17-19 日本東京	同上
第 5 屆	1998/6/21-23 蒙古烏蘭巴托	日本：STA、NASDA、ISAS 蒙古：國立遙測中心（National Remote Sensing Center, NRSC）

---

[72] 戶﨑洋史，2010，〈宇宙利用の新たな動向〉，日本国際問題研究所主編，《新たな宇宙環境と軍備管理を含めた宇宙利用の規制—新たなアプローチと枠組みの可能性—》，平成 21 年度外務省委託研究，頁 3。

表 4-3　歷屆 APRSAF 大會（1993-2022 年）（續）

	時間／地點	主辦單位／主題
第 6 屆	1999/5/24-27 日本筑波	日本：STA、NASDA、ISAS 主題：太空技術的運用
第 7 屆	2000/6/19-22 日本東京	日本：STA、NASDA、ISAS 主題：太空利用之路
第 8 屆	2001/7/23-26 馬來西亞吉隆坡	日本：文部科學省（MEXT）、NASDA、ISAS 馬來西亞：科學技術環境省（Ministry of Science, Technology & Innovation, MOSTI）、遙測中心（The Malaysian Remote Sensing Agency） 主題：亞太的太空新世紀
第 9 屆	2003/3/25-27 韓國大田	日本：MEXT、NASDA、ISAS 韓國：科學技術省、航太研究所（Korea Aerospace Research Institute, KARI） 主題：亞太區域的太空運用
第 10 屆	2004/1/14-16 泰國清邁	日本：MEXT、JAXA 泰國：科學技術廳、國家地理情報ㄝ太空開發機關（The Geo-Informatics and Space Technology Development Agency, GISTDA） 主題：促進亞洲之太空利用合作
第 11 屆	2004/11/3-5 澳洲坎培拉	日本：MEXT、JAXA 澳洲：衛星系統共同研究中心（Cooperative Research Centre for Satellite Systems, CRCSS） 主題：擴大太空社群
第 12 屆	2005/10/11-13 日本北九州	日本：MEXT、JAXA 主題：還元太空恩惠給社會
第 13 屆	2006/12/5-7 印尼雅加達	日本：MEXT、JAXA 印尼：研究技術省（Ministry of Research and Technology, RISTEK）、國立航太研究所（Lembaga Penerbangan dan Antariksa Nasional, LAPAN） 主題：Work Dogether~ 建構安全且豐裕的社會
第 14 屆	2007/11/21-23 印度邦加羅爾	日本：MEXT、JAXA 印度：太空研究機關（Indian Space Research Organisation, ISRO） 主題：人類活力化的太空

表 4-3　歷屆 APRSAF 大會（1993-2022 年）（續）

	時間／地點	主辦單位／主題
第 15 屆	2008/12/9-12 越南河內下龍灣	日本：MEXT、JAXA 越南：科學技術省（Ministry of Science and Technology, MOST）、科學技術院（Vietnam Academy of Science and Technology, VAST） 主題：永續發展的太空
第 16 屆	2009/1/26-29 泰國曼谷	日本：MEXT、JAXA 泰國：科學技術省（Ministry of Science and Technology, MOST）、國家地理情報乄太空開發機關（GISTDA） 主題：太空科技的應用：對人類安心安全的貢獻
第 17 屆	2010/11/23-26 澳洲墨爾本	日本：MEXT、JAXA 澳洲：創新產業科學研究省（The Department of Innovation, Industry, Science and Research, DIISR） 主題：針對氣候變動的太空科技和產業功能
第 18 屆	2011/12/6-9 新加坡	日本：MEXT、JAXA 新加坡：太空技術協會（Singporer Satellite Technology Assocation, SSTA）、新加坡國立大學遙測中心（Centre for Remote Imaging, Sensing and Processing, CRISP） 主題：A regional collaboration for tomorrow's environmen
第 19 屆	2012/12/11-14 馬來西亞吉隆坡	日本：MEXT、JAXA 馬來西亞：科學技術創新省（MOSTI）、太空廳（National Space Agency, ANGKASA） 主題：透過創新太空項目豐富生活品質
第 20 屆	2013/12/3-6 越南河內	日本：MEXT、JAXA 越南：科學技術院（VAST） 主題：太空創造的價值：20 年來亞太區域的經驗
第 21 屆	2014/12/2-5 日本東京	日本：MEXT、JAXA 主題：Leap to the Next Stage: Delivering Innovative Ideas and Solutions
第 22 屆	2015/12/1-4 印尼峇厘島	日本：MEXT、JAXA 印尼：研究技術·高等教育省（RISTEK-DIKTI）、國立航太研究所（LAPAN） 主題：Sharing Solutions through Synergy in Space

表 4-3　歷屆 APRSAF 大會（1993-2022 年）（續）

	時間／地點	主辦單位／主題
第 23 屆	2016/11/15-18 菲律賓馬尼拉	日本：MEXT、JAXA 菲律賓：科學技術省（Department of Science and Technology, DOST） 主題：Building a Future through Space Science, Technology and Innovation
第 24 屆	2017/11/14-17 印度邦加羅爾	日本：MEXT、JAXA 印度：太空廳（Department of Space, DOS）、太空研究機關（ISRO） 主題：Space Technology for Enhanced Governance and Development
第 25 屆	2018/11/6-9 新加坡	日本：MEXT、JAXA 新加坡：太空技術協會（SSTA） 主題：Innovative Space Technology for Evolving Needs
第 26 屆	2019/11/26-29 日本名古屋	日本：MEXT、JAXA 主題：Advancing Diverse Links Toward a New Space Era
Online 2020	2020/11/19 Online	由 APRSAF 營運委員會主辦 主題：Sharing Space Visions Beyond Distance
第 27 屆	2021/11/30-12/3 Online	日本：MEXT、JAXA 越南：科學技術院（VAST） 主題：Expand Space Innovation through Diverse Partnerships
第 28 屆	2022/11/15-18 越南河內	日本：MEXT、JAXA 越南：科學技術院（VAST） 主題：Bridging Space Innovations Opportunities for Sustainable and Prosperous Future

資料來源：APRSAF，2022，〈年次会合〉，https://www.aprsaf.org/jp/annual_meetings/#past，上網檢視日期：2022/11/20。

　　APRSAF 的功能有促進國際合作、資訊交換、技術交流、解決區域性問題等。首先，在國際合作方面，APRSAF 參與美國的 NASA、亞洲防災中心（Asian Disaster Reduction Center, ADRC）、國際太空站為主的相關活動進行緊密合作，希冀成為領導亞洲諸國

發展太空的先趨。透過 APRSAF 的國際合作，可以進行與他國太空組織的意見交換。而且產業界也可以參與 APRSAF，無論是日本的太空科技或是他國的太空產業，可相互合作得到成本低廉和優良的產品出現，促進諸國或各產業的技術交流。日本希冀成爲亞太的太空開發領導者，除了解決區域性問題之外，也積極推動區域的太空合作。APRSAF 區分地球觀測、通訊、太空環境使用、太空教育四個工作小組，並且進行其他星球探勘的活動。[73]

一、區域合作：Sentinel Asia

APRSAF 的任務主要推動：1. 災害危機管理的太空運用；2. 環境監測的太空運用；3. 活用日本衛星的技術合作；4. 對應全球性議題之活用太空能力。[74]

1. 災害危機管理的太空運用

APRSAF 成立後的 10 年內主要是進行各國技術人員的太空資訊交換。但 2005 年起成立「Sentinel Asia」以後，轉向以自然災害或預防性防災的監視網絡爲主（日文：センチネル・アジア），截至 2022 年共有 20 個國家、51 個組織、8 個國際組織參加。運用 2006 年 JAXA 升空的「大地」（日文：だいち）觀測陸地技術衛星畫像提供給 Sentinel Asia，作爲掌握自然災害產生時的依據，並試圖可以成爲往後亞太區域發生災害危機管理的機制。透過 Sentinel

---

[73] 石田中，2009，〈アジアが一つになり地球規模の災害・環境問題の改善へ〉，https://www.jaxa.jp/article/special/asia/ishida01_j.html，上網檢視日期：2022/4/27。

[74] 古川勝久，2010，〈安全保障・安全安心領域における宇宙能力の活用〉，日本國際問題研究所主編，《新たな宇宙環境と軍備管理を含めた宇宙利用の規制—新たなアプローチと枠組みの可能性—》，平成 21 年度外務省委託研究，頁 50。

Asia 的監視網絡，當災害發生時衛星可以進行緊急觀測，將數據或資料傳送給受災區的當地政府，以利把握災害狀況或提出受災區的對策使用，2006-2009 年 6 月共進行 50 次的緊急觀測。[75]

　　聯合國也與 Sentinel Asia 加深合作關係，2008 年在越南召開的第 15 次 APRSAF，聯合國太空和平利用委員會委員長 Ciro Arevalo 曾參加；2009 年 3 月聯合國亞太經濟社會委員會（Economic and Social Commission for Asia and the Pacific, ESCAP）主辦的亞洲防災委員會中，ESCAP 事務局長也表示「與區域的太空組織合作，未來運用太空科技進行災害或環境監視」。聯合國的災害監視「聯合國防災、緊急對應衛星情資平台論壇」（United Nations Platform for Space-based Information for Disaster Management and Emergency Response, UN SPIDER）與 Sentinel Asia、「地球觀測之政府性會議」（Group on Earth Observations, GEO）、亞洲防災中心（ADRC）也有合作。[76]

2. 環境監測的太空運用

　　JAXA 的長期願景是活用太空科技建立安全且豐裕的社會，並且解決區域性的自然災害等問題。JAXA 的地球觀測區分有災害管理支援和地球環境觀測預測兩大系統，為追求安全且安心的社會發展，必須與亞洲諸國合作。由於氣候變遷等全球性環境議題，無論是產業經濟或是亞洲諸國，對日本而言都是非常重要的。2009 年日本公布的《宇宙基本計畫》明定推動太空外交，JAXA 也遵從此

---

[75] JAXA，2022/4/28，〈センチネル・アジア～宇宙からアジア太平洋地域の災害被害の 減を目指す～〉，https://www.jaxa.jp/article/special/sentinel_asia/index_j.html，上網檢視日期：2022/4/28。

[76] 石田中，2009，〈アジアが一つになり地球規模の災害・環境問題の改善へ〉，https://www.jaxa.jp/article/special/asia/ishida01_j.html，上網檢視日期：2022/4/27。

方針進行相關系統或衛星開發，並且與亞洲諸國合作。[77]

2003 年地球觀測高峰會召開後成立了 GEO，約有 70 國以上、歐盟執委員會、50 個國際組織參加。2005 年第 3 次地球觀測高峰會制定建構「全球地球觀測系統」（Global Earth Observation System of Systems, GEOSS）的 10 年計畫，即設定災害、健康、能源、氣候、水、氣象、農業、生態、生物多樣性共 9 項公共利益領域，其中日本以災害、地球暖化、氣候變動為優先項目。因此 JAXA 擔任以溫室效果氣體觀測技術衛星「GOSAT」、地球環境變動觀測任務「GCOM」、全球降水觀測計畫「GPM」、雲・氣融膠放射任務「Earth CARE」等提高預測氣候變動準確度為目的的衛星計畫。2008 年 APRSAF 接受日本提案，進行環境監視項目「太空科技的環境監視」（日文：宇宙技術による環境監視，Space Application for Environment, SAFE）。藉以辨別水問題、森林開發、土地利用等區域問題，聚集相關單位解決和活用衛星數據或太空科技製作相關系統。2008 年在越南為了管理水資源管理和監視土地利用狀況，行政單位利用衛星數據試驗性建構相關系統。此後也以相同項目於寮國和柬埔寨進行，2009 年 1 月日本發射有關溫室效果氣體觀測衛星「Ibuki」（日文：いぶき）。[78]

Sentinel Asia 項目也進行環境監測活動，如森林火災、洪水、冰河湖潰堤等工作小組運作。以 JAXA 為主體，對外的 APRSAF 和日後日本預計發射超高速網路衛星「絆」（日文：きずな），或提

---

[77] 石田中，2009，〈アジアが一つになり地球規模の災害・環境問題の改善へ〉，https://www.jaxa.jp/article/special/asia/ishida01_j.html，上網檢視日期：2022/4/27。

[78] 古川勝久，2010，〈安全保障・安全安心領域における宇宙能力の活用〉，日本国際問題研究所主編，《新たな宇宙環境と軍備管理を含めた宇宙利用の規制—新たなアプローチと枠組みの可能性—》，平成 21 年度外務省委託研究，頁 53。

供定位情報的準天頂系統的組合，建構統籌衛星的綜合性系統。另外，日本也進行小型衛星群的地球環境監測計畫，開發 ASNARO 衛星，與歐洲的「全球環境監測」（日文：環境とセキュリティのグローバル・モニタリング，Global Monitoring for Environment）之項目類似。[79]

3. 活用日本衛星的技術合作

為提高開發中國家的社會和經濟發展或是技術等，JAXA 進行巴西亞馬遜地方的森林監視、防止違法盜採、衣索比亞的阿姆哈啦（Amhara）流域的農地保全開發計畫支援的資訊蒐集、印尼的森林資源管理・火山泥火災監視支援、不丹的冰河湖監視等項目。同時透過政府開發援助（Official Development Assistance, ODA），訓練亞洲諸國使用地球觀測數據的技術人員之人才培育項目。[80]

4. 對應全球性議題之活用太空能力

諸如氣候變遷、疾病感染、糧食問題等，都可藉由太空科技的新技術，積極運用以形成新的對策。[81]

---

[79] 石田中，2009，〈アジアが一つになり地球規模の災害・環境問題の改善へ〉，https://www.jaxa.jp/article/special/asia/ishida01_j.html，上網檢視日期：2022/4/27。

[80] 石田中，2009，〈アジアが一つになり地球規模の災害・環境問題の改善へ〉，https://www.jaxa.jp/article/special/asia/ishida01_j.html，上網檢視日期：2022/4/27。古川勝久，2010，〈安全保障・安全安心領域における宇宙能力の活用〉，日本国際問題研究所主編，《新たな宇宙環境と軍備管理を含めた宇宙利用の規制―新たなアプローチと枠組みの可能性―》，平成 21 年度外務省委託研究，頁 52-53。

[81] 古川勝久，2010，〈安全保障・安全安心領域における宇宙能力の活用〉，日本国際問題研究所主編，《新たな宇宙環境と軍備管理を含めた宇宙利用の規制―新たなアプローチと枠組みの可能性―》，平成 21 年度外務省委託研究，頁 52-53。

二、亞太版太空法制倡議

事實上，1992 年中國與泰國、巴基斯坦共同提倡在太空的技術合作，自此中國主導「亞太太空合作組織」（Asia-Pacific Space Cooperation Organization, APSCO）的成立，係正式的政府間國際組織，總部設立於北京，2008 年成立後共有八個會員國加入。[82] 中國不僅可製造低廉成本的衛星升空，還將軌道上的衛星讓渡給其他國家。如 2008 年替委內瑞拉的通訊衛星升空、2009 年也替印尼升空衛星（在投入軌道之際失敗），甚至與巴西共同開發地球觀測衛星，使用中國的火箭升空。這些與中國合作太空的國家，都是具有豐富天然資源者，以及美國等其他先進國家不提供太空技術者，中國透過發射火箭的技術，交換對象國的自然資源。[83]

鑒於 2005 年中國主導的 APSCO 與聯合國太空和平利用委員會（UNCOPOUS）簽署意向書，日本領導的 APRSAF 不得不轉變方針，朝向運用太空外交方式讓論壇更加活躍。2005 年於日本北九州召開第 12 次 APRSAF 大會提出「Sentinel Asia」構想，借鏡歐洲的 GMES，使用日本的「大地」（ALOS）衛星或美國 NASA 的 MODIS 地球觀測衛星的數據，搭配慶應大學的「Digital Asia」網路上地理空間情報系統（GIS），進行觀測森林火災或洪水時監視。如此可向亞洲其他國家宣揚日本的太空能力和協助其災害時的情報蒐集，確認日本在亞太的太空主導權。2008 年時的「SAFE」（Space Appilication for Environment）也是以氣候變遷為對策研究項目，進行海面水位、土壤覆蓋、森林破壞、農業生產、生態環境

---

[82] 八個會員國為中國、孟加拉國、伊朗、蒙古、巴基斯坦、秘魯、泰國、土耳其。Asia-Pacific Space Cooperation Organization (APSCO), 2022/3/28, "Member States", http://www.apsco.int/html/comp1/channel/Member_States/25.shtml, date: 2022/3/28.

[83] 鈴木一人，2011，《宇宙開発と国際政治》，東京：岩波書店，頁 20。

等觀測為主的數據提供。[84]

　　2009 年 APRSAF 從上階段提供氣象或地球觀測數據給會員國之後，認為必須更加強在亞太的太空主導性，於是以技術轉移為導向，讓會員國參與組織以獲得更多技術，來提高整體太空系統的發展，方能與中國領導的 APSCO 對抗。於是 APRSAF 推動「STAR」（Satellite Technology for the Asia-Pacific Region）項目，馬來西亞、泰國、印度、韓國、印尼、越南的太空機關或研發單位都加入，實施衛星技術研討會、調查亞太小型地球觀測衛星新聞、製造、升空、運用 Micro-STAR、SO-STAR 小型衛星等。所有參與 STAR 項目的會員國長期派駐於日本 JAXA 總部，共同成為 Micro-STAR 計畫的一員。換言之，除了技術轉移功能之外，增加共同研發功能，擴大以日本為領導的亞太太空影響力。另一方面，由於日本受限和平憲法無法進行具有攻擊性之相關開發，但透過技術移轉給亞太諸國，可增強其他國家在太空的對抗性。[85]

　　2018 年該組織向聯合國亞太經社會簽署意向書，發表「亞太太空合作組織發展願景 2030」（Development Vision 2030 of Asia-Pacific Space Cooperation Organization），意在加強太空間的國家合作和培育發展中國家的太空人才。日本警覺到中國試圖以 APSCO 成為領導亞太區域的太空趨勢，2018 年 7 月總務省國立研究開發法人審議會召開第 14 次宇宙航空研究開發機構部會中，JAXA 的中村雅人理事表示中國確實有此意圖，因此日本更應該強化 APRSAF 的功能和在亞太的影響力。[86] 中國於突尼西亞設置阿拉伯

---

[84] 鈴木一人，2011，《宇宙開発と国際政治》，東京：岩波書店，頁 224-225。

[85] 鈴木一人，2011，《宇宙開発と国際政治》，東京：岩波書店，頁 224-225。

[86] 日本總務省，2018/7/13，〈総務省国立研究開発法人審議会 宇宙航空研究開発機構部会（第 14 回）〉，https://www.soumu.go.jp/main_content/000595291.pdf，上網檢視日期：2022/3/28，頁 33。

北斗衛星中心，以此連結起蘇丹、埃及、科威特、阿爾及利亞等阿拉伯國家，常態性 8 機衛星體制的北斗衛星系統可提供 10 公尺內的定位訊號，係可稱之為太空版的一帶一路。[87]

其次，無論是哪一國的衛星軌道、使用頻率、發射等，都需要向管理全球通訊的標準化的國際電信聯盟（International Telecommunication Union, ITU）申請。基本上，聯合國的成員國等同於該聯盟的會員，但企業或組織也可以用其他身分別加入，但無大會投票權。要如何確保諸國可遵守太空活動的規則、衛星老舊或損害時形成的太空垃圾、他方進行惡意行為之事前太空狀況覺知等，都成為國際間必須盡快進行太空法制化的議題。[88] 面對未來的太空時代，各國理應適切實施太空條約、行動規範、TCBM 等，在尚未法制化或國內相關法制不完備的國家，先進國應進行支援。尤以目前太空安全的威脅增加、太空國際法的遵守或伴隨其複雜化，各國都應進行管理行為者活動、持續性監督等。因此日本做為主導亞太太空國，無論在國內法整備或是促進採用國際法都應協助，相對也有助於日本的太空外交。

2019 年 11 月文部科學省和 JAXA 於名古屋召開 APRSAF-26 會議，以「開拓新太空時代的多樣化發展」（日文：新たな宇宙時代を拓く多様な繫がりの発展，Advancing Diverse Links Toward a New Space Era）為主題進行。會後決議：1. SAFE Evolution，亞太擁有衛星國家間可提供衛星數據，進行多國家利用的可能；2.JJ-NeST（JICA-JAXA Network for Utilization of Space Technology），透過 JICA-JAXA 讓東南亞諸國人才留學或研修，成為長期培養太空

---

[87] 青木節子，2021，〈宇宙を支配する「量子科学衛星」の脅威〉，《文芸春秋》，第 99 期第 8 卷，頁 131-132。

[88] 福島康仁，2016，〈宇宙安全保障—世界の動向と日本の取り組み〉，《東アジア戦略概観》，東京：防衛省，頁 22-23。

人才項目；3. National Space Legislation Initiative，製作亞太諸國的太空相關國內法制定狀況報告書，且向 COPUOS 法律小委員會提出建議；4.Kibo-RPC（Kibo Robot Programming Challenge），透過 JAXA 的「自律移動型船內相機」（日文：JEM 自律移動型船內カメラ、イントボール，Int-Ball）、NASA 的 Astrobee（NASA）運用在國際太空站，讓區域的年輕世代人才可貢獻於太空。[89]

　　2019 年起日本積極推動太空法制倡議（日文：宇宙法制イニシアチブ，National Space Legislation Initiative, NSLI），以及 2021 年成立「宇宙法政策分科會」（Space Policy and Law Working Group, SPLWG）。NSLI 曾成立學習群隊，有日、澳、印、印尼、馬來西亞、菲律賓、韓國、泰國以及越南參加，在第 60 次 COPUOS 法律小委員會共同提出報告書。該分科會的目的是推動太空活動的技術和法律政策，同時提高各國太空法政策的程度；其次，透過此會各國可以相互學習太空法制、共同的區域議題、資訊交換等，試圖對亞太做出國際貢獻，廣泛討論太空活動長期性運作，和確保穩定利用太空的全球性議題。[90] NSLI 的重要性在於，從區域觀點來看，提高區域專家的實務能力、建構合作基礎以解決區域問題等；從國際觀點來看，太空活動的持續性和穩定利用太空等，整體是以邁向整頓國內太空法或實踐能力之有效的區域模式。[91]

---

[89] 日本文部科學省、JAXA，2020/2/18，〈アジア・太平洋地域宇宙機関会議（APRSAF-26）結果報告について〉，https://www8.cao.go.jp/space/comittee/27-kiban/kiban-dai52/pdf/siryou3.pdf，上網檢視日期：2022/3/11。

[90] APRSAF，2021，〈宇宙法政策分科會〉，https://www.aprsaf.org/jp/working_groups/spl/，上網檢視日期：2022/3/11。

[91] 栗山育子，2021/3/1，〈APRSAF 宇宙法制イニシアティブ分科会の活動状況について〉，https://space-law.keio.ac.jp/pdf/symposium/symposium12_05.pdf，上網檢視日期：2022/3/28。

肆、日本的外交太空與互賴性

2008 年福田康夫內閣通過《宇宙基本法》，第 3 條規定「太空開發利用是為了提高國民生活、形成安全且安心的社會、消滅災害或貧窮或對人類生存生活的威脅、確保國際社會的和平和安全，以及我國安保相關等。」因此第 13 條明示，「推動使用人造衛星之穩定性情報通信網絡、觀測與定位相關情資系統等整備之必要施策。」第 6 條規定有關國際合作上，「太空開發利用之相關國際合作或可用以積極推動外交，發揮我國在國際社會的功能，可促進我國利益。」亞洲國家多數屬於開發中國家，使用衛星或運用太空系統是為了觀測環境或是對應大型災害產生時的狀況。亞太地區常發生地震、颱風、水土流失等天災，為快速取得當下時的圖片，或是地面通訊遭受破壞時與外國透過衛星聯絡等，太空系統的運用變得更加重要。[92]

第 19 條也指出日本的太空開發利用，必須強化對外國的了解。日本的太空外交重點有三：一是對亞太區域的貢獻，確立日本在該區域的領導之外，也可透過兩國間的支援合作讓外界看見日本。另外，透過亞太合作框架，推廣到中東、非洲、中南美等區域的貢獻和發展。第二，對地球環境的貢獻。透過由人造衛星獲得的數據分析結果，可在國際事務場域發揮日本的領導，並且積極應對降低太空垃圾的議題。其次，在聯合國外太空和平利用委員會等國際組織上發揮重要功能，中長期培養人才。第三，強化兩國關係面向上，美日間雖已經有合作關係，但是必須更強化和增加對話。日本也已經跟歐洲合作，但是更進一步的太空治理、太空科學各領域的合作和對話也必須加強，未來日本更考慮與印度等國建立技術合作或其他互動關係。對於開發中國家的支援，則是必須注意人類的

---

[92] 鈴木一人，2011，《宇宙開発と国際政治》，東京：岩波書店，頁 219。

環境安全，守護因太空開發帶來的災害或環境污染等威脅。[93]

　　美國歐巴馬總統時期的太空外交最大特色在於，從以往民生運用擴大至安保面向，爲促進太空中具責任之活動與和平運用，需建構雙邊或多邊具透明、信賴形成機制（TCBMs）。美國主導制太空權的發展，另一面向就是太空狀況覺知。由於太空領域屬於各國共享，理應透過 SSA 獲得的數據分享提高透明度。如此可減少衛星衝突的可能性，又或者共享衛星圖像解析，在遇到大型災害時可提高預警或救災。2012 年有 90 間企業和外國政府提供給美國 180 個團體有關衛星軌道的數據、2013 年有 35 個商業衛星和 SSA 形成共識進行合作等，這些都說明太空、衛星等運用已形成公共財性質，因此美日於 2013 年決議簽署 SSA 合作協議。[94]

　　表 4-4 爲 2012 年世界主要競爭國的太空發展情況，可觀察美國依然爲當時最大太空強國，無論在國家整體預算或是民間企業或是國際競爭力上，都遠遠超越歐洲、俄羅斯、中國。歐洲方面，雖然從整體的發展可謂是世界第二，但其規模和競爭力與美國相比差距甚大，因此積極爭取在開發中國家的太空市場。反觀俄羅斯和中國，仍然是以舊共產體制圈的太空工業生態方式進行，不同的是俄羅斯的經濟停滯，導致只能依賴以往的研發成果進行殘存的火箭生意；而中國卻是因爲經濟體規模的大幅增加，挹注資金到太空開發，並且與開發中國家建構太空關係與互動，中國強力的太空發展背後，意味著有中共整體國家或國企的大力栽培。

93　日本宇宙開發戰略本部，2009/6/2，〈宇宙基本計画〉，https://www8.cao.go.jp/space/pdf/keikaku/keikaku_honbun.pdf，上網檢視日期：2022/12/5，頁27-29。

94　福島康仁，2013/3，〈米国の宇宙政策〉，日本國際フォーラム主編，《宇宙に関する各国の外国政策》，平成 24 年度外務省委託事業，頁 29-30。

表 4-4　2012 年世界主要競爭國的太空發展情況

	美國	歐洲	俄羅斯	中國
營業額	全世界前 10 名營業額當中，有 8 間為美國企業。全世界政府在太空的總預算，美國政府約占 7 成	全世界前 10 名營業額當中，有 2 間為歐洲企業。歐洲政府在太空的總預算，為日本的 4 倍	大型火箭具有壓倒性的價格競爭力	輸出到開發中國家的總額增加
優點	有充裕的政府預算支撐太空發展，以確保企業的高度競爭力	歐洲整體的項目可進行大型研發和創造市場；開發開發中國家的市場	以鉅額投資保有過去的研發成果	與政府的外交政策連動以支援
缺點	依據國際武器交易規制（ITAR）限制輸出	衛星利用服務或技術移轉之國際推廣不充分	小型衛星等開發遲緩	技術尚未臻於成熟
地球觀測衛星	由政府保證購買多年期畫素、擴大民間投資	包含衛星利用服務等統籌性等是由政府出資支援	無衛星輸出的實績	有輸出至開發中國家的實績
通訊傳輸衛星	以本國龐大市場進行實證和獲得實績，對外具有國際競爭力	歐洲主要有兩大廠商，對外具有國際競爭力	於本國市場或舊蘇聯圈使用	有提供至開發中國家的實績
定位衛星	提供全世界末端消費者免費使用 GPS	設定 2014 年開始運作伽利略計畫為目標；2016 年預計運用 30 機	近年來推動 GLONASS 的民間使用	預計 2020 年完成 Compass system，2012 年預計在亞太區域開始運作

資料來源：日本內閣宇宙戰略室，2012/9，〈宇宙外交・安全保障等の現状、課題及び今後の検討の方向（案）〉，siryou5.pdf（cao.go.jp），上網檢視日期：2022/9/27。

　　2011 年中國的《航天白皮書》表示，2015 年預計升空 100 個人造衛星，2012 年則是 30 個。中國的衛星成本是歐美的 3/4，但品質上卻遜色許多，此點對開發中國家有價格吸引力。其次，中國

對開發中國家允許可以以自國的天然資源作為交換衛星，換取更多的政治影響力。諸如 2008 年 10 月委瑞內拉第一個通信衛星「Simón Bolívar」就是使用中國製衛星，藉以使用在通訊、播放、遠距離教學、視訊醫療等，對於基礎公共建設尚未完備的區域通訊係有所幫助。2009 年初中國也與奈及利亞簽訂衛星升空的契約，同年 9-11 月中國與巴基斯坦、寮國、波利維亞簽訂製造衛星和升空的契約。[95]

對日本而言，最重要的外交太空對象當屬美國，因此日本的太空戰略緊緊跟隨美國發展。在深化美日同盟面向上，第一是全球性配合美國方針，第二是從區域秩序援助美軍或協助東亞穩定。[96]重點在於日本參加美國主導的太空狀況覺知和國際太空站的運作等，加上日本與周遭國家都有領土紛爭，透過海洋監視系統和衛星圖片的傳送，有助於日本掌握周遭狀況和即時應對。

由於日本並非太空霸權國，如何透過太空外交獲得更大效益或國家利益，或者與其他相等程度的國家或組織互動結盟是重要的課題，如歐盟或歐洲太空總署等。再者，從安保觀點來看，與他國或組織形成太空互賴，也有益於保障國家安全。[97]太空聯盟的形成必須透過太空外交的實踐，2012 年 3 月美國國防助理部長 Madelyn R. Creedon 在國會發言，認為法、日、德、義需進行專業分工以擴大太空基礎，透過各國系統以完善美國能力、提高對抗性和強韌

---

[95] 日本內閣宇宙戰略室，2012/9，〈宇宙外交・安全保障等の現狀、課題及び今後の檢討の方向（案）〉，siryou5.pdf (cao.go.jp)，上網檢視日期：2022/9/27。

[96] 日本國際フォーラム，2013/3，《宇宙に関する各国の外国政策》，平成 24 年度外務省委託事業，頁 8。

[97] 青木節子，2013/3，〈各国の宇宙政策からみる日本の宇宙外交への視点〉，日本國際フォーラム主編，《宇宙に関する各国の外国政策》，平成 24 年度外務省委託事業，頁 18。

性。[98] 近年來亞太區域中國、印度對於太空發展能力日益增強，日本爲避免區域緊張或者與東南亞諸國產生過度競爭，未來如何透過合作和協商形成新戰略是重要課題。

2021 年日本與其他國家進行太空合作的預算爲 1.5 億日圓，諸如派遣重要人員前往美國科羅拉多州美軍基地參加「Space100」課程，學習太空相關知識。另外，日本也參加太空領域的多國計算機模擬演習，如「施里弗演習」（Schriever Wargame）、「全球哨兵演習」（Global Sentinel）等。[99]「施里弗演習」是以主要戰略國爲假想敵，與同盟國共享太空情資以對應敵方的攻擊。2001 年起由美國空軍太空司令部（Air Force Space Command, AFSPC）主辦，日本從 2018 年起參加，2020 年的參加者有日本、英國、澳洲、加拿大、紐西蘭、法國、德國，美國相關單位除了空軍，還有陸軍、海軍、戰略軍（包含網路軍）、國防部長辦公廳（Office of the Secretary of Defense, OSD）、國務院等也加入。「全球哨兵演習」是由美國太空司令部主辦的太空狀況覺知的模擬演習，日本從 2016 年舉辦的第三次演習起，陸續於 2017 年 9 月、2018 年 9 月、2019 年 9 月都有參加。爲保護太空的使用自由，美國太空軍推出「夥伴之路」（pathway to partnerships）計畫，透過「全球哨兵」演習加強與盟國間的太空合作關係與機制。[100]

---

[98] Madelyn R. Creedon, 2012/3/21, Assistant Secretary of Defense for Global Strategic Affairs, *Statement before the Senate Committee on Armed Service Subcommittee on Strategic Forces*, p. 7.

[99] 日本防衛省，2021，〈防衛省の取組および今後の方向性〉，https://www8. cao.go.jp/space/comittee/27-anpo/anpo-dai41/siryou3_2.pdf，上網檢視日期：2022/3/9。

[100] 青年日報，2022/8/23，〈美日攜 23 國全球哨兵聯演 強化太空安全合作〉，https://www.ydn.com.tw/news/newsInsidePage?chapterID=1525308&type=vision，上網檢視日期：2022/10/19。

　　其次，虛擬網路與太空衛星傳輸的功能息息相關，若攻擊網路有可能讓太空設備或衛星功能停止，因此日本要推行太空與安保相關的動作，透過外交太空的方式係可以形成同盟國的太空互賴關係，讓國家安全得到更多層次的保障。青木節子認爲需在衛星保護、省廳合作、太空資產相關的資安管理、虛擬武力紛爭的研究等，來避免國家的安保受到攻擊。首先，衛星保護方面，太空設備的運用與 ICT（資訊及通訊技術或資訊通訊科技，Information and Communications Technology）是一體的，太空設備只要通訊網路受到攻擊就無法運作，顯示有其脆弱性。因此要提高衛星被攻擊的抵抗性，以及維持民生商用等衛星的運作，國家必須更積極保護衛星。省廳合作方面，由於太空範疇過於廣泛，日本各省廳也都有太空相關業務與政策進行。各省廳間必須針對網路資安等相關國際建制共同討論和合作，同時政府間或非政府間組織的動向也須留意。太空資產相關的資安管理方面，2012 年國際原子能總署（International Atomic Energy Agency, IAEA）公布「原子爐相關資安」，故日本 JAXA 也應仿效相關內容避免可能被攻擊，進而提供給國際社會參考的準則。最後，虛擬武力紛爭的研究方面，目前國家受到網路攻擊之際，國際法該如何規範尚在摸索，或者與自衛權相關的武力紛爭法該如何與網路攻擊相結合，NATO 等國際組織對於網路戰（cyber warfare）相關法制的適用。[101]

　　資安已經成爲目前全球化和數位化年代下，保護個人財產或國家利益重要的一環，衛星的資訊傳送除了解決偏遠地區傳輸困難之外，尚有「數據自主」的重要性。但放任企業自由發射衛星獲得大數據，也可能成爲國際資安漏洞，彰顯國家訂立法制以及與民間產

---

[101] 日本國際フォーラム，2013/3，《宇宙に関する各国の外国政策》，平成 24 年度外務省委託事業，頁 7-8。

業合作保護數據的重要性。[102]

　　第三，進行外交太空有助於日本發揮軟實力（soft power）作用。日本《宇宙基本法》規定的太空外交，依據《宇宙基本計畫》可分類有「外交的太空」和「太空的外交」。所謂「外交的太空」，是活用日本卓越的科技於外交上，截至目前爲止，日本已運用相關技術於災害監視或太空科學等範疇，對國際社會有相當的貢獻。此點也可視爲外交資產，是軟實力的展現。爲提高日本在國際社會的話語權，政府可利用太空開發等技術運用於外交，讓太空研發和運用能夠作爲實現人類安全保障的用途。[103] 1984年美國提出的建立國際太空站（ISS）構想，在日本產業界呼籲政府須開發太空站的實驗棟（1983年6月），1984年2月在中曾根康弘首相積極對應之下，決議參加太空站發展，顯示日本參與多邊主義下的太空發展而呈現的外交太空。[104]

　　「太空的外交」意指爲順暢推動日本的太空開發利用致力的外交努力。依據外交努力蒐集各國太空開發使用的訊息，由於研發費用相當龐大，因此與先進國家分擔業務、建構合作關係以加深彼此關係，故日本必積極參與創建太空規則的聯合國外太空和平利用委員會和「亞太地區太空機構論壇」等。秋山遠亮認爲日本的太空發展重點之一，係藉由人才網絡和提高國際信用以建構太空外

---

[102] 王明聰，2022/2/22，〈搶佔太空商機，台灣發展低軌衛星的「戰略意義」爲何？〉，https://sunrisemedium.com/p/101/communications-satellite，上網檢視日期：2022/4/4。

[103] 日本宇宙開發戰略本部，2009/6/2，〈宇宙基本計画〉，https://www8.cao.go.jp/space/pdf/keikaku/keikaku_honbun.pdf，上網檢視日期：2022/12/5，頁6-8。

[104] 渡邊浩崇，2019，〈日本の宇宙政策の歴史と現状〉，《国際問題》，No. 684，頁38。

交。[105]2017年4月日本政府召開第11次「宇宙產業振興小委員會」，當中提及應運用 APRSAF 場域積極推動相關策略，透過與他國共同合作案，以推廣日本太空科技和產業至海外。[106]

　　本書認為日本進行太空外交，主要由內閣層級的宇宙開發戰略本部作為司令塔領導功能，委由宇宙開發戰略推進事務局執行，形成 Top Down 的領導方式。另一方面，外交太空則是由行政法人 JAXA 作為主角，背後為文部科學省作為推手，以 APRSAF 為活躍場域（ARENA），如此可減少官僚行政的僵硬化和政府干涉的程度、預算的獨立化、與民間互動的靈活性、透過外交太空進行的技術交流和政府援助等，係藉由 Bottom Up 方式網羅各方意見和匯集各行為者之共識，以最大化發展外交與太空。

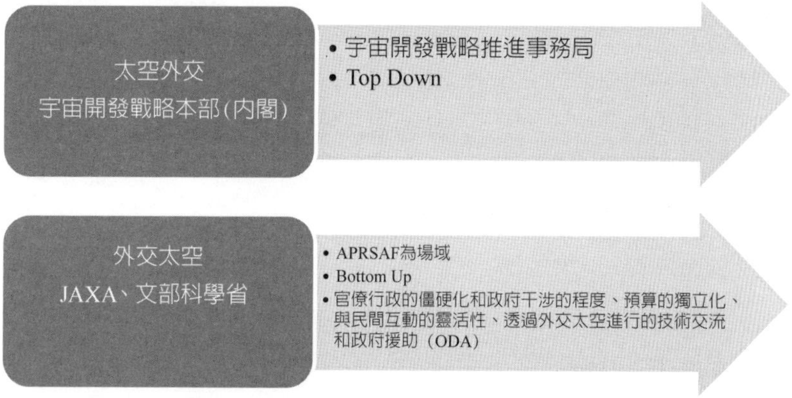

太空外交
宇宙開發戰略本部（內閣）
- 宇宙開發戰略推進事務局
- Top Down

外交太空
JAXA、文部科學省
- APRSAF為場域
- Bottom Up
- 官僚行政的僵硬化和政府干涉的程度、預算的獨立化、與民間互動的靈活性、透過外交太空進行的技術交流和政府援助（ODA）

圖 4-6　日本的太空外交與外交太空

＊作者自行繪製。

---

[105] 秋山遠亮，2013，〈新しい日本の宇宙政策と今後の科学・探査計画〉，《日本惑星科学会誌》，Vol. 22, No. 2，頁 106。

[106] 日本内閣府，2017/3，〈これまでの小委員会での意見〉，https://www8.cao.go.jp/space/comittee/27-sangyou/sangyou-dai12/sankou3.pdf，上網檢視日期：2022/11/8。

PART 3

日本的新太空趨勢

第五章

日本宇宙航空研究開發機構（JAXA）的角色與功能

　　鈴木一人認為日本太空發展的轉換點在於 2008 年《宇宙基本法》通過後，由於日本的太空發展屬於追趕型（catch-up），自 1955 年自行開發火箭後，基本上是以技術研發為目標。日本的太空發展考量到成本、使用目的等，初期太空發展僅為了製造火箭，爾後導入美國技術後發展衛星製造，但因為 80 年代美日貿易摩擦出現執行的困難。美國為了販賣衛星到日本，也為了在日本太空市場具有競爭力，出現衛星調度事宜。由日本政府向美國購買衛星，造成日本衛星產業弱化，JAXA 的功能僅為了開發太空而已。事實上太空衛星的製造並不需要太多開發或新技術，但由於 1998 年北韓發射導彈，日本為了安保必須進行導彈防禦。因此 2000 年日本開始發射情報衛星（IGS），基於自我防衛，JAXA 必須從以前的研發性質轉向衛星的運用。但是日本憲法規定太空利用僅限於和平目的，導致民間太空產業不發達，也盡量避開與防衛省相關聯的太空研發。[1]

　　日本的宇宙開發事業團於 2003 年與航空宇宙技術研究所（NAL）、宇宙科學研究所（ISAS）合併，成為現在的 JAXA。JAXA 作為日本太空發展的重要科研單位，但日本要積極推動太空活動卻受限於和平憲法，僅能進行非軍事性目的和平活動。日本的太空發展與他國不同，相關的太空產業必須由政府簽訂軍用火箭、衛星等契約或者是技術移轉等，無法良好發展太空產業。[2]作為領導日本經濟龍頭的經團連，認為唯一的 JAXA 必須與產業、省廳，甚至是與防衛省進行緊密的合作體系，應由 Bottom Up 型的體制運作，徹底實施高科技保密的體制。《宇宙基本法》第 11 條規定在施行後兩年，必須有法制、財政、稅制、金融等相關措施推

1　作者曾於 2022 年 10 月 19 日拜訪鈴木一人教授進行深度訪談。

2　青木節子，2013/3，〈各国の宇宙政策からみる日本の宇宙外交への視点〉，日本國際フォーラム主編，《宇宙に関する各国の外国政策》，平成 24 年度外務省委託事業，頁 17。

出。由於太空開發的費用龐大，站在民間角度，政府若不能佐以輔助金或是在稅制上有所減免，勢必無法得出雙贏局面。松掛暢指出，日本對於太空開發的法律制訂過慢，[3]經團連認為政府應與民間企業緊密合作，在產官學的體制中推動與國家利益和戰略性的太空開發事業。

2003 年《JAXA 法》修法後明確被賦予安保的目的，[4]自此防衛省發射情報蒐集衛星，而 JAXA 仍然以發射火箭為主，但是 2003 年發射火箭失敗後遭受批評，因為 JAXA 被賦予安保的任務；其次，由於日本國內輿論不允許情報衛星發射失敗，反而成為一轉型契機，2005 年起日本衛星開發區分為研究者和開發者，依據使用目的進行：1. 將以往在文部科學省的科研費用切割，從日本內閣府宇宙戰略推進室進行整體規劃，同時向內閣府宇宙委員會成員諮詢，相關行為者尚有農林水產省、防衛省、經濟產業省（簡稱經產省）、JAXA 等，國家整年度預算透過相關省廳討論後提案，最終由總理大臣敲定；2. 設立宇宙開發擔當大臣，讓其擔任政治責任，而非以往僅是由 JAXA 進行太空相關業務和研發，缺乏責任和目標性。2008 年日本設立宇宙開發擔當大臣起，共計有 20 位內閣成員參與太空戰略或政策制定，太空開發主軸開始由 JAXA 轉到內閣。迥異於以往都只靠 JAXA 提案太空相關內容，而且 JAXA 的運作與內閣的目標往往不一致，政治影響力（政治性）開始凌駕太空專業性。JAXA 的業務係由基金（Fundation）支持，但政治制定者卻是被賦予任務（mission），日本的太空發展依照國家目的來進行。[5]

---

[3]　松掛暢，2009，〈宇宙基本法と日本の宇宙開發利用～宇宙条約の視点とともに～〉，《阪南論集》，第 45 卷，第 1 期，頁 115。

[4]　日本宇宙フォーラム，2013，《「宇宙開發利用の持続的發展のための"宇宙狀況認識"（Space Situational Awareness: SSA）に関する国際シンポジウム」成果報告書》，http://www.jsforum.or.jp/2014-/IS3DU2013_Summary_jp.pdf，上網檢視日期：2022/5/4，頁 23。

[5]　作者曾於 2022 年 10 月 19 日拜訪鈴木一人教授進行深度訪談。

　　秋山遠亮認爲日本《宇宙基本法》制定以前，太空開發是在文部科學省指導下進行的，其設立有「宇宙開發委員會」，制定《我國太空開發長期基本方向》（日文：我が国の宇宙開発の長期的かつ基本的な方向を見定め）、進行 JAXA 中期目標之太空開發等調查審議。JAXA 的主管機關是文部科學省和總務省，存在有諸多限制。第一，文部科學省和總務省爲 JAXA 的主管機關，但層級上是與其他省廳同位階，無法以更高位階帶領其他單位配合，或統籌國家整體的太空開發展略。再者，要向其他國家銷售太空產業製品是由經濟產業省負責，無法統整出整體的戰略內容。第二，中國積極地向非洲諸國推銷衛星或太空產品，但文部科學省無此權限可進行。第三，《JAXA 法》是在《文部科學省設置法》下制定而來，因此也無權限進行推動制定《宇宙基本法》等安保防衛相關的內容。就此，2008 年日本通過的《宇宙基本法》是以內閣層級、首相領導的格局進行，跳脫以往舊有的限制框架，請參考圖 5-1 日本太空開發體制的前後比較。[6]

　　基本上，國際太空產業的發展可區分三階段，第一階段是 60 年代由先進國家主導太空商業，且在美國領導下成立國際衛星通訊組織（International Telecommunications Satellite Organization, INTELSA），提供會員國的洲際通話，主要是以國家爲中心的商業服務。第二階段是 80 年代消費者可直接使用衛星服務或是海上通訊服務等，跳脫上階段以國家爲主的衛星通訊服務，此階段是在國家指定的特定業者之下進行相關業務，日本的 NHK 也在此時期開始衛星放送。第三階段是 90 年代後半期開始急起直追，由於美國 IT 產業的泡沫化，促使民間業者使用自我資金開發和運用衛星。當時的衛星開發成本和風險皆高，到了上世紀的尾端太空開發的成

6　秋山遠亮，2013，〈新しい日本の宇宙政策と今後の科学・探査計画〉，《日本惑星科学会誌》，Vol. 22, No. 2，頁 103-104。

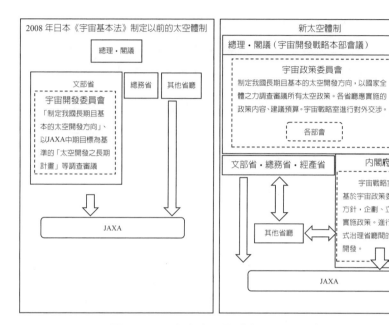

圖 5-1　日本太空開發體制的前後比較

資料來源：秋山遠亮，2013，〈新しい日本の宇宙政策と今後の科学・探査計画〉，《日本惑星科学会誌》，Vol. 22，No. 2，頁 103。

本開始大幅降低，加上行動電話時代的來臨，太空商業發展開始突飛猛進。換言之，在各國競相發展行動電話和數位化之下，太空商業發展轉向民間企業主導，尤以小型衛星開發爲是。[7]

　　2012 年內閣府宇宙戰略室的報告指出，以往日本的太空開發是以研發爲重心，與歐美的商業型開發不同，導致日本的產業競爭力不高，且在技術上無法形成技術體系。就基礎研究階段、太空實證階段、利用實證階段、商用階段來比較歐美和日本的太空發展，可觀察出日本一開始就是以研發爲主，爾後在太空實證階段緩

---

[7]　鈴木一人，2011，《宇宙開発と国際政治》，東京：岩波書店，頁 213-215。

表 5-1　2012 年日本與歐美在太空開發的比較

	基礎研究階段	太空實證階段	利用實證階段	商用階段
歐美型	商業化為主	快速取得技術	為提高信賴度推動重複使用	引領風潮
日本型	研發為主	緩慢進行	為求研究不重視重複使用	放任民間企業

資料來源：日本內閣府宇宙戰略室，2012，〈新たな宇宙基本計画（案）について〉，https://www8.cao.go.jp/space/plan/sankou-1.pdf，上網檢視日期：2022/5/14。

慢進行，以及利用實證階段因為研究而不重視重複使用，導致無法形成一定規模，且在商用階段放任民間企業自我發展和生存，國家沒有帶動民間參與太空產業的誘因出現。因此宇宙戰略室建議日本在基礎研究階段，應預測未來太空市場發展進行基礎研究，且強化相關省廳在太空產業的參與。太空實證階段則應推動小型化且低成本之開發，確保多數太空實證的成功，同時簡化政府的認證程序。利用實證階段推動重複使用衛星載具（Satellite bus），以及國產化防衛衛星。商用階段可仿效歐美的引領風潮，以及軍民兩用複合體和提供給政府的服務等（見表 5-1）。[8]

　　城山英明認為 JAXA 的設定目標與內閣府不一致性，前者偏向技術和研發，後者重視政策規劃。雖然《宇宙基本法》通過後，是以內閣為主進行太空戰略開發，就整體太空體制的運作，是以 JAXA+ 文部科學省 + 內閣府 + 經濟產業省為一體進行規劃。[9]

　　當人類的文明進展到太空，2020 年 7 月美國公布「關鍵和新興科技國家戰略」，當中 AI、半導體、量子資訊科學等都被納入，除了積極發展太空與科技之外，另一方面也在避免關鍵的嶄新科

---

[8]　日本內閣府宇宙戰略室，2012，〈新たな宇宙基本計画（案）について〉，https://www8.cao.go.jp/space/plan/sankou-1.pdf，上網檢視日期：2022/5/14。

[9]　作者曾於 2022 年 10 月 11 日拜訪城山英明教授進行深度訪談。

技被中國或俄羅斯剽竊。[10] 目前國際社會規範各國必須和平地使用太空，美國民間的新創產業 Space X 已經開始著手人造衛星、小型化火箭、低價位等太空商業活動，國際間興起一股太空商機。如 2015 年 11 月日本開始以國產火箭 H－IIA 進行搭載商業衛星升空，進而出現國內太空產業的浪潮。然而日本的太空活動基本上是以 JAXA 為主進行，政府對於規範民間太空活動的制度尚不完善。其次，在人造衛星上搭載感應器，以觀測地球表面的衛星遙測也屬於先端技術，遙測技術可運用在農業、防災、礦物資源、整頓或維持社會基礎建設等。再加上太空科技的運用不再侷限於冷戰時期美蘇的軍事對抗，從安保觀點來看，也可利用太空或衛星系統進行資安、警戒、數據傳輸等。近幾年衛星遙測設備的高度解析能力、低成本的小型衛星等都快速進展，日本也因應氣候快速變遷或者救災等特殊情形，對於衛星遙控的技術應用也急速增加。無論是資訊傳輸或是遙控技術的運用，都牽扯到龐大的數據一旦外洩，即有可能被全球性恐怖主義分子盜用。因此從安保觀點或是輔助民間產業進入太空範疇，資安問題和制定出一套可規範各國參與太空活動的國際法是當務之急。

　　2011 年日本國內的太空市場規模僅 8 兆日圓，且相當依賴來自政府的訂單，遠比歐美的市場規模小，也不具有國際競爭力。然而國際社會的太空產業市場規模逐漸增加，如衛星最常被運用在通訊或放送上，形成一股龐大商機。太空科技係透過衛星、火箭、地面接收站、數據蒐集和運用等組合而成的系統，若使用高性能的小型衛星，更可獲得追蹤管制或數據接收處理的效率化，達到低成本或地面小型系統的開發。地面小型系統的開發可透過飛機或直升機接收高性能小型衛星傳送出的訊息，在地面上進行資訊的統籌處

10　鉅亨網新聞中心，2010/10/17，〈美國公布關鍵新興科技戰略 AI、半導體等 20 項技術入列〉，https://news.cnyes.com/news/id/4534338，上網檢視日期：2021/9/7。

理，作爲監視災害、環境、森林等事前天災的防範。[11]

　　衛星遙測方面，2010 年 12 月日本政府的專門調查會進行有關地球觀測衛星和促進衛星數據使用、推動遙測綜合性施策等調查，設置了「遙測政策檢討工作小組」（日文：リモートセンシング政策檢討ワーキンググループ）」。該工作小組的業務包含有確認政府與民間的角色和產業振興、衛星開發者・運用者與使用者之間的連動・強化合作的方式、衛星情報數據等統籌性利用基礎及衛星數據分配等政策內容、與安全保障的互動關係、國際貢獻協力及海外推廣等。特別是數據政策內容方面，作爲有利於民間企業進行相關活動的制度創建，必須廣泛探討企業牽涉的範圍、專利的流程、是否可公開的數據等。[12]

　　日本自民黨在提議《宇宙基本法》制定之際（2006 年），主張安保、研發、產業化爲太空戰略的三大支柱，也因此 JAXA 被賦予這些功能去扮演相關角色。JAXA 在太空研發和安保之間有設定一道防火牆，何者是需要與防衛省協商或妥協，何者需要秉持研發精神係有一套規則存在。美國民間太空企業 Space X 爲新創產業，自行開發和操作，沒有從美國政府得到任何補助款。相反地，日本民間太空產業是獲得政府補助款進行，如 Astrosacle（日文：アストロスケール）常與防衛省進行討論，與美國的新創太空企業性質大不同。[13]

　　Astroscale 認爲 JAXA 有 Input（curation）、數據管理及分析、

---

[11] 日本製造產業局航空機器武器宇宙產業課宇宙產業室，2011/12/5，〈宇宙產業プログラムに関する施策・事業の概要について〉，https://www.meti.go.jp/policy/tech_evaluation/c00/C0000000H23/111205_ucyuu/ucyuu11-1_5.pdf，頁 2，上網檢視日期：2021/9/14。

[12] 長谷悠太，2016，〈民間事業者の宇宙活動の進展に向けて─宇宙関連 2 法案─〉，《立法と調査》，第 381 期，頁 91。

[13] 作者曾於 2022 年 10 月 19 日拜訪鈴木一人教授進行深度訪談。

產品／服務等功能，透過蒐集（Input）上齋原天文台、美星天文台、衛星定位等獲得數據功能，於 JAXA 筑波太空中心的追蹤網絡技術中心（日文：追跡ネットワーク技術センター）進行數據解析。雖然 JAXA 並沒有對外販售 SSA 產品或提供服務，但是會透過「聯合太空運用中心」（Combined Space Operation Center, CSpOC）的 Space-Track.org，公開觀測結果或各衛星的位置情報等。又或者從 CSpOC 獲得 CDM（Conjunction Data Message），得到 CDM 傳輸的衛星或可能接近的物體，使用與實際物體同等質量進行評估產生衝突的準確率，以判斷是否要實施迴避衝突的調動處理（maneuver），這些都可視爲 JAXA 對內提供的服務。[14] 下列就太空狀況覺知、衛星技術改革、JAXA 與日本太空發展的課題說明。

壹、太空狀況覺知

　　太空狀況覺知（SSA）一開始的設定雖是由監視太空機制而來，但如今已發展到能夠利用正確總體數據於軍事、民間、商業等。新世紀起地球軌道上航行的太空物體日益增多，要在混亂中掌握明確的太空環境，SSA 可保護定位、導航與定時（Position, Navigation, and Timing, PNT）系統、氣象衛星、遙測、國家監測機制（National Technical Means of Verification, NTM）等太空資產（Asset）。目前 JAXA 擁有 SSA 能力，防衛省於 2022 年以後也擁有此能力、操作人員、相關系統、蒐集資料等。日本具有 SSA 能力之民間企業，以負責 JAXA 軌道系統的富士通、（財）日本宇宙

---

[14] アストロスケール，2020，《令和元年度內外一体の経済成長戦略構築にかかる国際経済調査事業》調査報告書，日本経済產業省委託業務，頁 46-48。

論壇（日文：日本宇宙フォーラム）運作 JAXA 天文台、下游廠
商的特定非營利活動法人日本天文台協會（日文：日本スペースガ
ード協会）、NEC 進行 SSA 試驗、IHI 擁有太空碎片觀測設備等。
2015 年的《宇宙基本計畫》提及 SSA，明示確立和提高 SSA 體制
能力的同時，也強化與美國的合作，確保美日同盟中可穩定使用太
空。2020 年以後美日合作的太空互動，防衛省更是參加 SSA 多國
間模擬演習、建構 SSA 平台的可行性研究（Feasibility Study）等。[15]

在太空狀況覺知部分，JAXA 表示在天氣預報、災害監視、定
位系統等各種運用衛星功能，是現今人類生活不可欠缺的。相對
地，當這些衛星受損或使用期限到期之際，會產生大量的太空垃
圾，威脅其他正在運行的衛星或太空人活動等。就此，JAXA 的

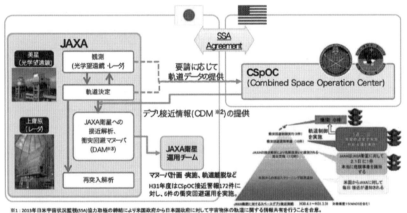

圖 5-2　JAXA 的 SSA 活動

資料來源：アストロスケール，2020，《令和元年度內外一体の経済成長戦略構築にかかる
　　　　　国際経済調査事業》調査報告書，日本経済産業省委託業務，頁 46。

---

[15] アストロスケール，2020，《令和元年度內外一体の経済成長戦略構築に
　　かかる国際経済調査事業》調査報告書，日本経済産業省委託業務，頁
　　44。

SSA 活動就是觀察太空垃圾的狀況、衛星軌道情資的數據化、解析太空垃圾接近衛星的可能、預測掉入大氣層等。基於《宇宙基本計畫》，2022 年以前 JAXA 整備好新的觀測太空垃圾之光學望遠鏡和雷射、分析軌道情報的系統等，貢獻日本的一己之力。日本的 SSA 觀測設備有位於岡山縣的上齋原天文台（日文：上齋原スペースガードセンター，Kamisaibara Space Guard Center）之雷射觀測設備、美星天文台（日文：美星スペースガードセンター，Beisei Space Guard Center）之光學觀測設備，以及茨城縣的茨城太空中心（日文：茨城宇宙センター，Tsukuba Space Center）之數據解析系統。[16]雷射觀測主要用於低軌衛星的觀察，高度在 1,000 公里以下者約占總體數的 75%；光學觀測是觀察高軌運行者，多數處於靜止狀態，約有 1,500 個。[17]上齋原天文台具有可觀測在高度 650 公里處 10 公分程度的物體，2021 年設備擴增到同時可觀測低軌衛星的 30 個雷達，觀測計畫由 JAXA 筑波太空中心的解析系統產出，以無人操作進行觀測（見表 5-2）。[18]

　　另一方面，日本於 1988 年和美國、歐洲太空總署、加拿大等簽訂太空的合作協定以來，一直在國際太空站計畫中發揮重要功能，如實驗棟「希望」（Kibou）的運用或是太空站補給機「H-II Transfer Vehicle: HTV」的升空等。日本也積極發展月球探勘，2007 年發射月球巡迴衛星「Kaguya」（日文：かぐや），是美國阿波羅計畫以來最大的月球探勘。2015 年 12 月美日同意延長國際太空站的合作到 2024 年，2018 年日本決議參與國際太空站和國際太

[16] JAXA，2022，〈宇宙狀況把握（SSA）システム〉，https://www.jaxa.jp/projects/ssa/，上網檢視日期：2022/4/27。

[17] JAXA，2020/3/31，〈宇宙を見守る SSA〉，https://track.sfo.jaxa.jp/business_overview/busi_over08.html，上網檢視日期：2022/4/27。

[18] JAXA，2017，〈宇宙狀況把握（SSA）システム〉，https://www.jaxa.jp/projects/pr/brochure/pdf/05/engineering06.pdf，上網檢視日期：2022/5/23。

表 5-2　JAXA 的 SSA 主要構成

雷達 Rader	觀測能力 Observation capacity	10 公分程度（高度 650 公里） 10 cm class (at an altitude of 650 km)
	同時觀測物體數 Number of observable objects at once	最大 30 Up to 30
光學望遠鏡 Optical telescope	檢出界限等級 Detection limit grade	1 公尺望遠鏡：約 18 等級 1m telescope: about 18 grade
		50 公分望遠鏡：約 16.5 等級 50cm telescope: about 16.5 grade
解析系統 Analysis system	管理對象物體數 Number of targets	最大 100,000 物體 Maximum 100,000 objects
	觀測數據（雷達） Amount of observation data (Rader)	10,000 paths／日 10,000 paths/day
	觀測計畫立案等 Compiling an observation plan etc.	自動處理 Automatic processing

資料來源：JAXA，2017，〈宇宙状況把握（SSA）システム〉，https://www.jaxa.jp/projects/pr/brochure/pdf/05/engineering06.pdf，上網檢視日期：2022/5/23。

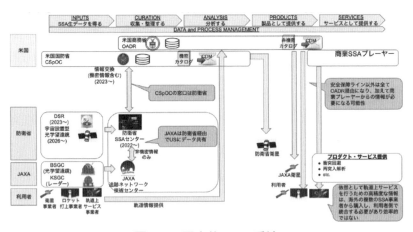

圖 5-3　日本的 SSA 系統

資料來源：アストロスケール，2020，《令和元年度內外一体の経済成長戦略構築にかかる国際経済調査事業》調查報告書，日本經濟產業省委託業務，頁 159。

空探勘的基本方針。繼美國提出的「阿米提絲」月球計畫，日本積極參與未來永續發展月球或利用資源等，預計 2025 年可以於月球進行表面工程建設，且由政府出資委託民間企業進行。此種公私混合性質的官民合作方式，無論是利用現有技術改善以適應月球環境，或是月球機械操作等，都必須使用到衛星通訊以達成無人進行工程的可能性。如日商大成建設與電信業者 Softbank 合作，以 5G 進行遠端操作等機械動作，此項目由國土交通省、內閣府、文部科學省、JAXA 共同進行開發，係跨部門也是跨領域的新型合作。[19]

貳、衛星技術改革

2021 年日本為推動太空資源的開發和利用，於 6 月通過《促進探索和開發太空資源商業活動法案》（*Law Concerning the Promotion of Business Activities Related to the Exploration and Development of Space Resource*）。除了 JAXA 主導日本太空的技術發展之外，目前日本低軌衛星商業的發展情況，SPACE TIDE 是推動太空產業的民間協會，於 2016 年成立。2022 年該協會代表理事為石田真康，業務內容在於主辦太空商機的國際會議、宣傳太空商機相關資訊、與國內外相關組織進行合作等。該協會主要的領導者尚有共同成立該會兼理事、COO 的佐藤將史（野村綜合研究所高級顧問）、中須賀真一理事（日本政府宇宙政策委員會委員、東京大學大學院工學系研究科教授）、中島亮監查等。[20]

---

[19] Nikkei Asian, 2021/8/17, "A room with a lunar view: Japan eyes remote construction on the moon", https://asia.nikkei.com/Business/Science/A-room-with-a-lunar-view-Japan-eyes-remote-construction-on-the-moon, date: 2022/10/11.

[20] SPACE TIDE, 2022/7/12, "ORGANIZATION", https://spacetide.jp/aboutus/, date: 2022/7/12。

透過衛星群進行氣象觀測的日本企業有 Axelspace（日文：アクセルスペース）、Synspective 等。前者於 2008 年成立，進行超小型衛星相關活動、設計、製造等，開發且運用世界第一個商用超小型衛星，2019 年 5 月成立 AxelGlobe 服務，能夠以 100 公斤程度的遙測衛星進行 2.5 公尺的地面上解析地球觀測能力。Synspective 則是於 2018 年成立，開發小型合成孔徑雷達衛星（日文：小型合成開口雷達衛星），提供使用衛星數據的相關服務。該公司於 2020 年 12 月升空第一個衛星，預計於 2023 年共升空 6 個衛星等。[21]

除此之外，日本為強化經濟安全保障，在衛星群（日文：衛星コンステレーション）中不可欠缺的光纖通訊或量子暗號，必須透過產官學合作以解決光纖地面系統的技術問題，於 NICT（情報通信研究機構）整備測試環境。2021 年起日本總務省開始支持運用小型衛星的次世代太空通訊網絡。透過衛星傳送通訊，甚至可以蒐集地面上影像數據，與國家安保相連結。總務省管轄的情報通信研究機構之外，還與通訊業者、衛星、光學零件廠商、研究單位等進行共同實驗。為使通訊網絡的地面設備，可以向小型衛星發射出諸如雷射般的光線，必須避開因為下雨或陰天造成通訊不良的因素。其次，透過多家廠商的零件或機器組合，讓設備小型化或降低成本，也有利於日本未來發展通訊產業或增加國際競爭力。次世代的衛星通訊是為了傳送更大量的資訊，目前全世界的數據傳輸多數透過海底電纜，但近來往往因為天災人禍被破壞，而導致無法通訊的情況屢有所聞。各國為追求穩定的通訊情況，或是克服地形帶來的通訊不良狀況，都積極鋪設衛星群的通訊網。在日本有 SONY、NIKON 製造光通訊零件、NEC 製造機器等。日本政府也試圖早期

---

[21] 日本總務省，2022/1/28，〈Beyond 5G の実現に向けた 宇宙ネットワークに関する 技術戦略について〉，https://www.soumu.go.jp/main_content/000790343.pdf，上網檢視日期：2022/9/22。

完成實證，達成國際標準化或取得國際市場占有率。[22]

　　中須賀眞一表示，日本政府的太空方針主要有準天頂系統運作、觀測地球之遙測衛星等。針對 GPS 的精密度為 3-5 公尺，使用準天頂系統接收的話，精密度可達 6 公分，屬於高精密度的「公分測位」，係可以成為新創產業的驅動，諸如無人駕駛、無人機操控、船舶的自動離到港、AGV（無人搬運車）、港灣吊臂等。觀測地球的遙測衛星方面，目前世界的趨勢是民間與政府共同使用（Dual Use）的高分解能力衛星，歐美的遙測衛星雖然分解能力不高，但卻積極朝向商業發展的戰略。[23]日本經產省也有 Tellus（日文：テルース）的計畫，可大量公開政府衛星數據。Tellus 計畫訴諸太空民主化，利用衛星數據創造新商機，可分析日本成立的大地環境之開放且免費數據的平台。[24]各種具有分解能力的衛星中，日本的 ALOS-2 衛星使用合成孔徑雷達，即使有雲或夜晚都可進行觀測。

　　2022 年日本預計升空的技術試驗衛星 9 號機（ETS-9）屬於高度處理情報的衛星，與 2006 年升空的 8 號機（ETS-8）不同之處在於，可搭載大型實驗機器的衛星，是 JAXA 進行創新的衛星技術改革，屬於 HTS（High Throughput Satellite, HTS）系列的衛

[22] 日本總務省，2022/1/28，〈Beyond 5G の実現に向けた 宇宙ネットワークに関する 技術戦略について〉，https://www.soumu.go.jp/main_content/000790343.pdf，上網檢視日期：2022/9/22。日本經濟新聞，2021/11/8，〈小型衛星で次世代通信網　国と産学連携　来年度中に実証拠点〉，朝刊 3 面。

[23] MUGENLABO Magazine，2021/11/16，〈国産衛星スタートアップの父が語る、宇宙産業の最前線と未来像【業界解説・東京大学 中須賀教授】（前半）〉，https://mugenlabo-magazine.kddi.com/list/space-nakasuka1/，上網檢視日期：2022/8/18。

[24] Tellus，2022，〈テルースの概要〉，https://www.tellusxdp.com/ja/about/，上網檢視日期：2022/8/19。

星。HTS 衛星的特色有：1. 具有 KA 波段（KA Band）等高周波數的廣帶領域通訊；2. 依據光束的多波束測深儀（Multibeam echo sounding）進行通訊，意即 KA 波段以外的周波數帶也可使用；3. 與地面網絡接續用的衛星地面設備（Gateway 局）和衛星間的通訊，HTS 的衛星意味著可傳送更大容量的數據。由於各國發射低軌衛星的數量愈來愈多，導致可使用的周波數和軌道日益變少，因此運用 HTS 衛星發射到較高的靜止軌道和使用不同周波數的頻率，可擴充人類運用太空的可能。但缺點是容易因為大氣層的變化或是天氣，導致不如低周波數的通訊。雖然 HTS 衛星也可發射至中低軌道，但在低軌道衛星多數屬於小型者且壽命僅為 5 年期，因此要發射到較高靜止軌道的衛星多數屬於長期壽命者，約 15 年期，才能符合龐大的發射費用。

2022 年 2 月爆發烏俄戰爭，在正式攻擊之前俄羅斯攻擊美國 Viasat 公司 KA-SAT 衛星的伺服器，迫使烏克蘭的軍事通訊出現不良。此點意味著未來要爆發戰爭之前，敵方有可能是先攻擊衛星以降低資訊傳輸的功能等。透過美國 Space X 公司的協助，烏克蘭受到攻擊的網路和衛星功能大抵恢復，卻也讓該公司相關企業 Satrlink 受到俄羅斯的報復。相較於一個 KA-SAT 的大型靜止通訊衛星，Starlink 當時使用 1,500 個小型低軌衛星群恢復烏克蘭的網路通訊，青木節子認為往後有可能出現對衛星的攻擊而爆發太空戰，宇宙已經成為人類另一個開闢的新戰場。[25]

由此可知，低軌衛星從原本提供人類網路和電信通訊的功能，被賦予了另一個戰時備用的通訊手段，導致因此受到攻擊的可能性也加大。[26] 即使在傳統戰爭型態中戰鬥機的重要性相當，但是

---

[25] 青木節子，2022，〈衛星をめぐる攻防の舞台　戰場としての宇宙〉，《中央公論》，第 136 期第 9 卷，頁 96-97。

[26] 科技新報，2022/3/12，〈馬斯克神救援烏克蘭！從 Starlink 看見低軌衛星

仍須透過高感光的衛星傳達通訊以取得高畫質的圖像，甚至可夜間拍照的合成開孔雷達（SAR）衛星、準確提供位置或時間的 GPS 衛星等，這些都可整合在一系列的軍事情報網絡中。這方面稱之爲「軍事改革」（RMA），目前仍由美國取得壓倒性領導，但中國、歐洲等國莫不積極規劃自我衛星群的網絡，和進行太空數據解析以及快速處理。往後若是要爆發戰爭的初期或可能之際，只要能夠破壞敵方衛星，讓自國的衛星盡可能不受到損害的話，則有可能取得戰勝的先機。[27]

　　上述有關日本民間太空產業發展的動向、衛星群的氣象觀測、量子衛星的開發、衛星技術運用在民生生活、HTS 衛星的開發（傳輸容量大且壽命長）、戰時衛星通訊的重要性等，都讓日本政府和民間莫不積極開發太空中有關衛星的運用。

參、JAXA與日本新太空發展的課題

　　2015 年日本政府認爲未來太空產業的發展有幾個動向：第一，JAXA 的改組。2013 年 2 月起在「G-portal」提供付費、免費的運行中或終了的衛星觀測數據檢索或下載服務。第二，宇宙系統開發利用推進機構（日文：宇宙システム開発利用推進機構，Japan Space Systems, JSS）的改組。JSS 是以支援創造太空相關的新創產業爲主，且將企業太空商機事業化爲目的者。因此日本成立的「太空商業招商」（日文：宇宙ビジネスコート，Space Business Court，於 2020 年 9 月結束），提供一般使用者可以使用觀測數據

　　在現代戰場上的意義〉，https://www.gvm.com.tw/article/87874，上網檢視日期：2022/10/3。

[27] 青木節子，2022，〈衛星をめぐる攻防の舞台　戦場としての宇宙〉，《中央公論》，第 136 期第 9 卷，頁 98。

的新軟體 API（光學感應器 ASTER 數據的 API）。第三，G 空間情報中心的改組。2012 年 3 月此中心的成立，是爲了讓產官學各單位有場域可進行情報交換，旨在創造附加價值、活用資訊、新創商機等（2016 年 11 月起營運）。第四，AXELSPACE 企業的改組。該企業預計於 2022 年爲止建構搭載光學感應器的超小型衛星 50 機的體制，成爲星座衛星網（AxelGlobe）的概念。其次，2016 年 9 月與亞馬遜討論，如何適切管理 AxelGlobe 的數據環境，讓攝影畫像可以公開化（open data）。上述這些動向可看出日本政府積極推動民間產業與政府的合作，並且引進外部技術提升競爭力。[28]

　　2016 年 6 月 21 日日本內閣召開第 1 次「宇宙產業振興小委員會」，內閣事務局提出「太空產業現狀與課題」說明，與民間企業代表進行意見交換。該會委員的主要意見有：1. 當下各國發展航太事業，日本再不急起直追恐成爲落後國家。不僅是太空產業供應鏈，諸如系統化、國際合作等都必須從全球化觀點考量；2. 從官民分工關係來看，應當推動創新產業、中小企業、跨領域產業的加入；政府應活用民間提供的服務；制訂中短期的衛星火箭策略，以及長期的星球探勘和人類太空活動等；3. 日本的太空發展和產業不如歐美龐大，但可考量新創產業或中小企業的活力，創造未來願景；4. 從使用者端（user side）思考，政府應以支援者（enablers）角度號召其他利用太空者以擴大對象範圍，惟當下誘因不足；5. 由於其他國家多數以安保觀點發展太空和運用，相較之下規模比日本大且政府需求重要。日本應當依據安保和產業振興之間的比例關係進行研發和發展；6. 技術試驗衛星等地球軌道上的實績，需透過政府主導。因此《宇宙 2 法》必須確實整備和規範，且無須比國際規制更加嚴格；7. 爲振興太空產業，JAXA 扮演重要角色，必須與產

---

[28] 日本内閣府宇宙開發戰略推進事務局，2015，〈宇宙×ICT に関する懇談会報告書（案）概要〉，https://www.soumu.go.jp/main_content/000504486.pdf，上網檢視日期：2022/3/1。

業界進行對話，促使其開發的新技術能夠有所貢獻。[29]下列就JAXA與日本太空發展的課題：1. 民生利用；2. 安全保障；3. 科技和產業基礎進行說明。

一、民生利用方面

1980 年代的太空需求多數來自政府，2008 年法國通過《太空活動法》，明文規定太空活動主體的損害賠償責任，以及保險無法涵蓋的保障部分係由政府代為行之的內容出現後，成為往後太空活動法的新標竿，自此邁入「新太空」（New Space）時代的來臨。此意味著發射火箭或衛星的成本降低、大量運用低軌小型衛星、活用衛星數據和雲端運用、太空活動轉向民間企業主導、參與太空發展的國家增多等變化。[30] 日本主要進行太空開發的民間企業有三菱重工、IHI、三菱電機、NEC 等，多數獲得日本政府的軍事防衛訂單。[31]

最早規範可進行太空資源開發者是美國。[32] 鈴木一人認為日本《宇宙基本法》通過後，對太空的設定朝向「社會基礎」發展，試圖帶動國家整體對於太空的利用和開發。[33] 日本進行太空商業活動多數屬於新創產業者，如小型火箭的新創產業就是以北海道大樹町

---

[29] 日本內閣府，2016，〈これまでの小委員会での意見〉，https://www8.cao.go.jp/space/comittee/27-sangyou/sangyou-dai12/sankou3.pdf，上網檢視日期：2022/10/24。

[30] 小塚莊一郎、笹岡愛美編著，2021，《世界の宇宙ビジネス法》，東京：商事法務，頁 8-10。

[31] 鈴木一人，2011，《宇宙開発と国際政治》，東京：岩波書店，頁 16。

[32] 小塚莊一郎、笹岡愛美編著，2021，《世界の宇宙ビジネス法》，東京：商事法務，頁 250。

[33] 鈴木一人，2011，《宇宙開発と国際政治》，東京：岩波書店，頁 204-205。

爲據點的堀江貴文，他擁有 Intersteller Technologies 公司，進行火箭發射、觀測衛星數據服務等。[34]尚有CAMUI火箭開發的植松電氣（CEO 植松努）、微波開發火箭和相關事業的 Lightflyer 公司（CEO 柿沼薰）等。

然而，日本的國際太空新創企業的量能與多樣性不如國際間其他太空新創企業。諸如表 5-3，國際太空新創產業，多數來自歐美的科技產業，以頂尖技術帶領太空範疇的跨入。亞馬遜（Amazon）的貝佐斯成立的 Blue Origin、微軟創始人 Allen 的 stratolaunch systems 等皆是。

事實上日本的太空產業發展對業者的誘因不大，且訂單多數來自政府。如何推廣日本民間對太空的重視、降低成本、擴大需求，但日本又無法像 ESA 的領導力，號召 ASEAN 等國加入亞太太空發展，因此必須更具靈活性以對應國際需求和相關法制。2017年 3 月日本政府召開第 10 次「宇宙產業振興小委員會」，委員主要意見有海外推廣、新太空商機的環境整備（如人才、制度等）。[35]

2017 年 5 月日本內閣公布「太空產業願景 2030」（日文：宇宙產業ビジョン 2030），重點爲太空產業可視爲促進第四次工業革命的驅動力，可創造出新創產業，也是安保的重要基盤；結合太空科技與大數據、AI、物聯網的革新；擴大民間產業的功能，讓 2030年的太空產業規模可倍增（2017 年爲 1.2 兆日圓）。[36] 2019 年日本進行《宇宙活動法》施行規則修法，新設人造衛星管理之許可申請

---

[34] Intersteller Technologies，2022，〈会社概要〉，https://www.istellartech.com/teaser/index.html，上網檢視日期：2022/11/21。

[35] 日本內閣府，2017/3，〈これまでの小委員会での意見〉，https://www8.cao.go.jp/space/comittee/27-sangyou/sangyou-dai12/sankou3.pdf，上網檢視日期：2022/11/8。

[36] 日本內閣府宇宙政策委員會，2017/5/29，〈宇宙產業ビジョン2030のポイント〉，https://www8.cao.go.jp/space/vision/point.pdf，上網檢視日期：2022/4/5。

表 5-3　國際太空新創企業

太空領域	企業名
火箭	Space X（馬克思）、Blue Origin（貝佐斯）、Stratolaunch Systems（Paul Gardner Allen，微軟創始人之一）、Escape Dynamics（中止）
小型火箭	Rocket Lab、Vector Space Systems
小型衛星	One Web、Space X、Space Flight、Surrey Satellite Technology Ltd、DMCii、General Atomics、Space VR、Loft Orbital Solutions
太空旅行	Virgin Galactic、Reaction Engines、Bigelow Aerospace、Space Adventrues
小型行星資源開發	Deep Space Industries、Planetary Resources（Google 的 Eric Emerson Schmidt、Larry Page）
火星探勘	Inspiration Mars、Mars One
月球表面探勘	Moon Exprerss、Astrobotic Technologies
通訊	Kymeta、Blockstream
衛星數據服務	Planet、Omni Earth、Dauia Aerospace、Spire、Alba Orbital、Urbit Logic、Descartes Labs、Ursa Space Systems
氣象	GeoMetWatch、GeoOptics、PlanetIQ
ISS 使用	Nano Racks、Urthe Cast
其他（太空葬禮、太空電梯等）	Final Front Design、Paragon Space Development、Elysium Space、Tethers Unlimited、Thoth Technology、Gom Space、Made in SPace

資料來源：齊田興哉，2018，《宇宙ビジネス第三の波》，東京：日刊工業新聞社，頁 54。

書；2020 年 9 月以超黨派型態成立「宇宙基本法補充議員協議會」（日文：宇宙基本法フォローアップ議員協議会），並且於 2021 年 6 月透過跨黨派的「議員立法」，承認民間業者對太空資源使用的所有權。[37]

---

[37] 小塚莊一郎、笹岡愛美編著，2021，《世界の宇宙ビジネス法》，東京：商事法務，頁 251、258。

　　2019 年日本內閣府指出當下太空發展的課題，民生利用方面，有關衛星畫像可以運用在災後復興、漁業、資源開發、暖化對策等。在預計整備 7 機衛星的準天頂系統當下已有 4 機升空，應持續創造新服務或商機並且向海外推動。同時伴隨衛星技術革新和大數據社會的來臨，擴大衛星通訊的可能。從圖 5-4 可觀察出衛星地球觀測市場在防衛（24%）、能源（7%）、資源（10%）、海洋監視（3%）、災害管理（6%）、基礎建設（18%）、定位服務（8%）、金融（16%）、環境監視（8%）等面向上都有成長，當中以防衛最高，陸續為基礎建設、金融等。[38]

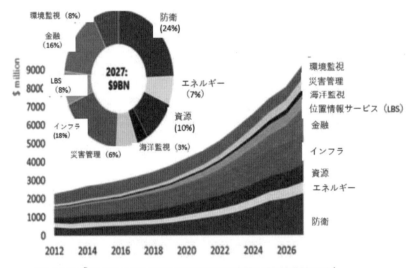

Euroconsult「SATELLITE BASED EARTH OBSERVATION MARKET PROSPECT TO 2027」

圖 5-4　全球衛星地球觀測市場預測（2012-2027 年）

資料來源：日本內閣府，2019，〈宇宙を巡る情勢変化〉，https://www8.cao.go.jp/space/comittee/27-anpo/anpo-dai33/siryou3-2-2.pdf，上網檢視日期：2022/5/1。

---

[38] 日本內閣府，2019，〈宇宙を巡る情勢変化〉，https://www8.cao.go.jp/space/comittee/27-anpo/anpo-dai33/siryou3-2-2.pdf，上網檢視日期：2022/5/1。

　　Johnson, Pace and Gabbard 認爲「商用太空系統有助美軍戰力之提升」，透過軍用與民生複合性衛星的使用，可以快速得知敵人的攻擊行爲，具有事前警戒功能。另一方面，民間企業的資金挹注與創新性，也有助於軍用與民生的太空互賴性，如同日本政府推動的 Society 5.0、無人自主系統（unmanned automated systems）等。日本民間太空產業發展初期受到美國箝制，發展至今，日本的太空開發逐漸朝向安保、防衛、同盟國的合作等積極動向。

　　日本民間方面，有（財）「日本太空論壇」（日文：日本宇宙フォーラム，Japan Space Forum，簡稱 JSF），進行衛星設計比賽、「天文・太空・航空宣傳連絡會」（日文：天文・宇宙・航空広報連絡会）事務局運作、太空科技推廣事業、企劃或製作太空相關產品等。該論壇聚集擁有太空專業知識和經驗豐富的研究者或專家、募集國際太空站相關實驗的主題，以及支援研究者爲主的太空開發項目等。在衛星升空時的宣傳、與地方公共團體合作太空人相關活動等，係透過產官學方式創造豐富的網絡關係，試圖成爲共同討論日本太空商機的場域。[39]

　　如表 5-4 日本太空新創企業所示，在小型火箭開發、太空機器、月球表面探勘、小型衛星、太空 x 海洋 xICT、太空 x 農業 xICT、休閒、地上系統、GNSS、商社等，皆有涉入太空領域。

　　其他諸如全球定位服務（Global Positing Augmentation Service Corporation）是由日立造船、日本政策投資銀行、DENSO（日文：デンソー）、日立 Astemo（Advanced Sustainable Technologies for Mobility，2021 年由日立 Automotive systems、KEIHIN、SHOWA、日信工業統合而來）、日本無線之大企業出資而來。活用 MADOCA（Multi-GNSS Advanced Demonstration tool for Orbit

---

[39] 日本宇宙フォーラム，2022，〈財団について〉，https://www.jsforum.or.jp/outline/summary.html，上網檢視日期：2022/7/26。

表 5-4　日本太空新創企業

領域	企業	業務	CEO
小型火箭開發	Interstellar Technologies（日文：インターステラテクノロジズ）	開發小型火箭以及籌劃開發項目	細川貴大
	Lightflyer	開發微波火箭	柿沼薰
	植松電氣	開發 CAMUI 火箭和籌劃開發項目	植松努
太空機器	PD Aerospace（日文：PD エアロスペース）	籌劃搭載油電混合引擎的太空旅行機器	緒川修治
月球表面探勘	ispace（HAKUTO）	挑戰 Google Lunar XPRIZE 的月球競賽	袴田武史
小型衛星	Axelspace（日文：アクセルスペース）	計畫升空 50 機的小型衛星之 Axel Globe 構想	中村友哉
	Astroscale（日文：アストロスケール）	除去太空碎片的服務，總公司位於新加坡，於日本為 R&D 據點，英國為子公司	岡田光信
	ALE	籌畫人工流星商業（Shooting Star challenge）	岡島禮奈
太空 x 海洋 x ICT	Umitron（日文：ウミトロン）	使用衛星數據、IoT 等發展養殖等事業	藤原謙
太空 x 農業 x ICT	Vision TEC	活用遙測畫像解決地面上農作物相關問題	原政直
	Farmship（日文：ファームシップ）	在太空培育農作物之相關計畫	北島正裕安田瑞希
休閒	Space Entertainment Laboratories	活用太空進行休閒事業	金田政太
地上系統	Infosetllar（日文：インフォスレラ）	租賃地上系統	倉原直美
GNSS	Magellan Systems Japan（日文：マゼランシステムズジャパン）	定位受信機市場	岸本信弘

表 5-4　日本太空新創企業（續）

領域	企業	業務	CEO
商社	Space BD	組合火箭和小型、超小型衛星的功能，與升空相關的介面調整等之外部搜尋功能等相關一條龍式升空服務	永崎將利

資料來源：齊田興哉，2018，《宇宙ビジネス第三の波》，東京：日刊工業新聞社，頁56。

and Clock Analysis，使用 JAXA 開發的精密衛星軌道、定時推動技術之軟體），在汽車、建設業、農機等自動駕駛、海洋或氣象觀測上，提供全球性高精密定位環境。Spacorda Services 公司則是由 Bosch、Geo++、三菱電機、u-box 四家公司共同成立，依據 GNSS 提供高精密定位系統。小型火箭開發則是由 Canon 電子、IHI Astrospace、清水建設、日本政策投資銀行成立，意在發展太空商業輸送業務。這些都是以大企業聯合投資，並且混合技術、行銷、資金等各企業強項所成立，不容易被其他企業所取代。[40]

　　Sky Perfect JSAT Group 前身於 1985 年成立，是日本第一家進行民間衛星通訊公司。1989 年該公司發射日本首次的民間通訊衛星「JCSAT-1」，1995 年也是日本第一家進行數位放送用通訊衛星「JCSAT-3」升空。2007 年 Sky Perfect Communication（日文：スカイパーフェクト・コミュニケーションズ）和 JSAT（株）合併，成為 Sky Perfect JSAT Holding（日文：（株）スカパーJSAT ホールディングス）。2008 年又與「宇宙通信」公司合併，形成現在的規模，成為亞洲最大衛星通訊公司。2016 年起加速低軌衛星布局和進行地面服務，與 KSAT 公司業務合作；2017 年更積極參與衛星數據商機，與 Orbital Insight 公司締結解析衛星畫像的代理店契

---

[40] 齊田興哉，2018，《宇宙ビジネス第三の波》，東京：日刊工業新聞社，頁58-59。

約，和 LeoSat Enterprises 公司結盟爲戰略夥伴，出資並更積極發展低軌衛星事業。2018 年與 Intelsat 公司共同升空高通量低軌衛星（High Throughput Satellite, HTS，多數位於靜止軌道，與低軌衛星不同）「Horizons 3e」。2019 年發射第 2 個 HTS 衛星「JCSAT-1C」，並且從 JAXA 獲得 4 個小型試驗衛星，2020 年升空 JCSAT-17。[41] 日本的 Sky Perfect JSAT Group 擁有 Superbird（中譯：超鳥）數位通訊衛星，同時提供給自衛隊的飛行器、船艦的數位通訊。

另一方面，伴隨各國紛紛製造衛星和升空，衛星也面臨中古維修或退役問題。如何對使用中或中古衛星進行維修或定期檢查，也是近來熱門議題之一。無論要對運行中衛星加油或是維修、更換零件等，因爲衛星牽涉到通訊、播放等民生，未來是有可能誕生「衛星維修產業」新興市場。由於衛星一旦升空後就不會再度使用是一般常識，但 Space X 卻打破以往火箭升空後不再重複使用的保守觀念，未來如何重複使用衛星，或將中古衛星維持良好後，販賣給經濟能力較弱的開發中國家等係有可能成眞。[42] Northrop Grumman 公司之下 SpaceLogistics 子公司開發的人工衛星 MEV-1，於 2020 年 2 月衛星延壽載具 2 號在地球同步軌道（GEO）上，會合 Intelsat 10-02 太空船後，延長使用壽命。然而低軌衛星成本低廉，並不見得需要維修，但是地球同步軌道上的衛星壽命約 15-20 年，卻僅載放數年的燃料而已。因此未來衛星維修市場的發展，將朝向地球同步軌道的衛星加油服務。[43]

---

[41] Sky Perfect JSAT Group，2022/4/28，〈沿革〉，https://www.skyperfectjsat.space/company/history/，上網檢視日期：2022/4/28。

[42] JAXA 新事業促進部，2022/5/20，〈燃料補給、機器交換～人工衛星の世界が劇的に変わる「軌道上サービス」～〉，https://aerospacebiz.jaxa.jp/topics/news/20220520_in_orbit_servicing/，上網檢視日期：2022/10/5。

[43] 財團法人國家實驗研究院科技政策研究與資訊中心科技產業資訊室，2021/10/8，〈軌道衛星運營商之需求也是太空商機所在〉，https://iknow.

　　針對新興的衛星軌道上維修市場，日本曾於 1997 年升空技術實驗衛星 7 型「Kiku 7 號」（日文：きく 7 号），讓位在太空中的「Orihime」（日文：おりひめ）和「Hikoboshi」（日文：ひこぼし）兩衛星分離。若能運用此技術，JAXA 預計與日本民間企業合作開發去除太空垃圾之技術（CRD 2：商業デブリ除去実証）。2023 年升空的 RAPIS-1（RApid Innovative payload demonstration Satellite 1）是 JAXA 與 Astroscale 公司共同合作，靠近太空碎片進行拍攝其動作或損害情況。2025-2026 年預計升空 RAPIS-2，實際進行清掃大型太空碎片的計畫。[44]

　　再者，2030 年 JAXA 新事業促進部也預計建立靜止軌道的衛星維修服務平台。旗下的新事業促進部將製作和公開有關未來軌道衛星服務，讓具有特殊任務的衛星群和提供基礎運作的衛星群於靜止軌道上組織成平台。任務型衛星群的機器可以透過機器人衛星更新、基礎衛星則是負責運送能源、保存和處理衛星的大量數據、與地面基地台通信的衛星等。其次，衛星的使用性質也開始有所轉變。諸如以往地球觀測衛星僅運用來觀察地表、氣象等，如今卻已經進化到蒐集、保存、處理與地面通訊的大數據運用。[45] 即使是 NASA 也預計於 2025 年進行軌道上的組裝、製造、燃料補給等服務之 OSAM-1、2 衛星。未來也預計在國際太空站展開相關服務，諸如訴求太空加油站的「衛星燃料補充太空站」（Orbit Fab）。[46]

---

stpi.narl.org.tw/Post/Read.aspx?PostID=18356，上網檢視日期：2022/10/5。

[44] JAXA 新事業促進部，2022/5/20，〈燃料補給、機器交換～人工衛星の世界が劇的に変わる「軌道上サービス」～〉，https://aerospacebiz.jaxa.jp/topics/news/20220520_in_orbit_servicing/，上網檢視日期：2022/10/5。

[45] JAXA 新事業促進部，2022/5/20，〈燃料補給、機器交換～人工衛星の世界が劇的に変わる「軌道上サービス」～〉，https://aerospacebiz.jaxa.jp/topics/news/20220520_in_orbit_servicing/，上網檢視日期：2022/10/5。

[46] Daily Clipper，2022/1/12，〈Orbit Fab 的 "太空加油站" 將為 Astroscale 的服務衛星加註燃料〉，https://dailyclipper.net/news/2022/01/12/205835/，上網

二、安全保障方面

21 世紀起，全世界的太空產業規模超過 900 億美元，當中一半約是衛星、火箭以及地上設施等基礎建設的收益。[47] 日本民間的太空開發利用內容雖然有在相關政策論述，但是在 2009 年《宇宙基本計畫》通過前，並未重視太空基礎建設之整備。《宇宙基本計畫》明文規定推動自主性太空活動之太空輸送系統，因此在加強民間商業活動之升空的國際合作，不僅要維持發射場地設施的功能之外，往後長期性對應衛星或火箭開發等，都應進一步調查或檢討，政府應在基礎建設或推動國際合作的動向上發揮領導功能。《宇宙基本計畫》的內容是以實踐或推動太空事業為主，事實上，2009 年 4 月北韓發射導彈後，日本國內即有要求導入早期警戒衛星的聲浪出來。《宇宙基本計畫》明記早期警戒衛星所需之感應器，用以早期警戒森林火災等發生的可能性，這些看似運用於民生面向，但在早期防衛或警戒面向上衛星的多元運用，有助於政府的安保或防衛。[48]

日本的太空產業是到 21 世紀初期才開始有所動作，2008 年《宇宙基本法》通過後才強化其國際競爭力。2018 年日本修改《防衛計畫大綱》並將太空設定於重要領域。當中認為建構 SSA 體制和太空部隊等，都是《防衛計畫大綱》、《中期防》不可欠缺的，未來在情報蒐集衛星上也須整備好 10 機的體制。[49] 2020 年 6 月第

檢視日期：2022/10/5。

[47] 青木節子，2006，《日本の宇宙戰略》，東京：慶應義塾大學出版會，頁47。

[48] 日本宇宙開發戰略本部，2009/6/2，〈宇宙基本計畫〉，https://www8.cao.go.jp/space/pdf/keikaku/keikaku_honbun.pdf，上網檢視日期：2022/12/5，頁27、45。

[49] 日本內閣府，2019，〈宇宙を巡る情勢変化〉，https://www8.cao.go.jp/

四期《宇宙基本計畫》最大的重點在於，將太空開發範疇劃入「戰鬥」性質，確保太空的安保和強化太空產業或科技基礎，明示危機感的存在和更積極的態勢。由於 2018 年美國的《國家太空戰略》已經宣示太空是「戰鬥領域」，2019 年 NATO 外交部長會議也認同太空是「作戰領域」，顯見自此各國更加重視太空範疇和戰略思維。太空威脅增大的同時，民間也積極開拓相關活動，諸如 2020 年 5 月美國的 Space X 公司開發的有人輸送機，搭載兩位太空人前往國際太空站，目前能達成此事項者僅有中國、美國、俄羅斯三國。相較之下，以往美國都是以 NASA 為核心進行的太空活動，現今在科技進步和民間投資之下，民間產業的表現也日益亮眼。[50]

　　2008 年日本通過《宇宙基本法》，以及 2012 年 6 月《內閣府設置法》部分修法後，JAXA 變成可以朝向防衛性的太空研發。[51]國際間以衛星為主的相關產業有幾個特性：第一，基本上太空開發的成本高，射程 300 公里以上、搭載能力 500 公斤以上具有大規模殺傷性武器（WMD）的導彈，在導彈技術管理體制（Missile Technology Control Regime, MTCR）會員國的共識下，原則上禁止輸出。[52]而衛星也包含先端技術在內，若要進行商業買賣行為，需要依據製造國的輸出管理法進行移轉。因此能夠在商業市場中取得

space/comittee/27-anpo/anpo-dai33/siryou3-2-2.pdf，上網檢視日期：2022/5/1。

[50] 青木節子，2020/10/9，〈宇宙空間は「戰闘領域」になった─第 4 次宇宙基本計画を読み解く（1）〉，https://www.nippon.com/ja/japan-topics/c06518/，上網檢視日期：2020/12/16。

[51] 青木節子，2013/3，〈各国の宇宙政策からみる日本の宇宙外交への視点〉，日本國際フォーラム主編，《宇宙に関する各国の外国政策》，平成 24 年度外務省委託事業，頁 17。

[52] MTCR 於 1987 年成立，會員國有美日英法德等共 35 國（2022 年 3 月為止），MTCR, 2022, "MTCR Partners", https://mtcr.info/partners/, date: 2022/3/21。

衛星或火箭升空、製造衛星的廠商寥寥可數，太空產業屬於寡占型的廠商參與。除此之外，有關衛星產業，相關製造國、發射國、使用國等也可能各自不同。

第二，衛星產業無法與軍事相切割，其性質與經濟市場可完全自由放任進行買賣貨品不同。第三，具有先端性太空科技者僅限少數先進國家，因此其他國家若要改變其在太空領域的弱勢，則必須善用太空科技以期改善其狀況。第四，太空領域雖然號稱非軍事性利用和爲促進全人類福祉，但事實上仍與法律和國家權力息息相關。[53] 2021 年 6 月經團連提出「經濟成長戰略」的報告，表示政府爲了保障安心且安全的生活，必須以產官學合作方式創新來提高國際競爭力，同時展開具戰略性的外交。尤其在確保日本經濟安全保障不可欠缺的技術、新科技、戰略物資等，在強化國內之際也必須與國外進行共同開發。[54]

相較於核能、生技、AI 等先進科技，太空科技運用於民生方面更是廣泛。最典型之例就是美軍的 GPS 系統，後來被大範圍運用到導航、交通資訊等。無論是從軍民兩用觀點來看待太空產業，事實上商業用衛星已經逐漸朝向軍事目標化的性質發展，諸如衛星遙測功能。無論是因爲政府的太空創新性追趕不上民間企業腳步，抑或是民間發展的量能已經凌駕國家能力，現今許多國家的太空發展都出現由國家主導轉向官民合作的方式，也讓單純的衛星存在有商業與軍用的色彩。此點卻也引發國際法上的爭議，因爲爆發戰爭時只能針對軍用體發動攻擊，但若是具有軍民兩用的衛星遭受

53 青木節子，2013/3，〈各国の宇宙政策からみる日本の宇宙外交への視点〉，日本國際フォーラム主編，《宇宙に関する各国の外国政策》，平成 24 年度外務省委託事業，頁 15-16。

54 經團連，2021/6，〈經濟成長戰略〉，https://www.keidanren.or.jp/policy/2020/108_honbun_sasshi.pdf，頁 30，上網檢視日期：2022/4/2。

到攻擊，則是否有戰爭的意涵存在。[55]

三、科技和產業基礎方面

依據 Philip Kotler & Kevin Lane Keller 的《行銷管理》，將企業競爭的地位區分為領導者、挑戰者、跟隨者（follower）、利基者（nicher）戰略。[56] 諸如中美大國有龐大資源可投注發展太空，並且引領其他國家的動向，係可制定全方位的戰略。相對地，有些國家資源有限或是市場需求性小，如何確保利潤或維持國際地位才是重要的。日本的太空產業初期發展是以跟隨者的角色進行，追隨對象以美國為主，並和其他先進國家建構信賴關係，在亞洲則是以「領導者」角色自居。[57]

就此，2009 年 6 月日本政府開始推動五年為一期的《宇宙基本計畫》，初期總預算為 2.5 兆日圓。2010 年 4 月經團連提出〈作為國家戰略以促進宇宙開發利用之建言〉（日文：国家戦略としての宇宙開発利用の推進に向けた提言），重點在於現今民眾生活與太空已密不可分，如手機通訊、電視播放、氣象預報等。太空領域已經形成各國間合作的要項，跨越國境並在太空站共同合作發展。當太空使用已經成為國際間外交互動重要的一環，諸如全球化議題的解決、亞太區域數據的蒐集、先進國家間的技術合作等，要開拓日本新的太空戰略，必須強化相關產業的基礎、官民合作以開拓海內外市場等。

---

[55] 青木節子，2022，〈衛星をめぐる攻防の舞台　戦場としての宇宙〉，《中央公論》，第 136 期第 9 卷，頁 102-103(96-103)。

[56] Philip Kotler & Kevin Lane Keller, 2012, *Marketing management*, N.J. : Prentice Hall.

[57] 内富素子，2013/3，〈欧州地域・ロシア・ウクライナの宇宙法政策に関する調査及び試行的比較分析〉，日本國際フォーラム主編，《宇宙に関する各国の外国政策》，平成 24 年度外務省委託事業，頁 33-34。

　　由於衛星和火箭的小型化和低成本的前提下，全球興起民間太空活動的熱絡和太空產業快速成長，但在日本方面依舊倚賴政府主導發展和官方需求。如圖 5-5 所示，自 2007-2016 年全世界太空產業的市場規模成長兩倍、約爲 35 兆日圓，但日本的太空需求因多數來自政府，沒有太大幅度成長，約停留在 2.6 兆日圓。[58] 2016 年 11 月安倍首相表示政府的宇宙政策委員會將檢討產業的願景，未來在進行日本生產性革命預算的 GDP 600 兆日圓規模下，太空範疇是當中重要的一支柱。

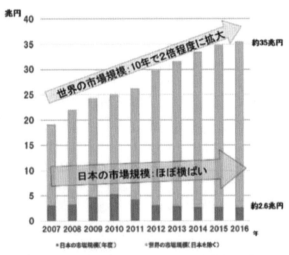

圖 5-5　太空產業市場預測（2012-2027 年）

資料來源：日本內閣府，2019，〈宇宙を巡る情勢 化〉，https://www8.cao.go.jp/space/comittee/27-anpo/anpo-dai33/siryou3-2-2.pdf，上網檢視日期：2022/5/1。

---

[58] 日本內閣府，2019，〈宇宙を巡る情勢変化〉，https://www8.cao.go.jp/space/comittee/27-anpo/anpo-dai33/siryou3-2-2.pdf，上網檢視日期：2022/5/1。

2021 年菅義偉內閣召開經濟成長戰略會議，表示日本未來需邁向「亞洲太空中心」的目標前進。2021 年日本政府總太空預算五成在文部省，為 2,124 億日圓，文部省分配 45 億日圓進行技術試驗衛星 9 號（Engineering Test Satellite-9）的開發、2 億日圓研發太空運輸系統、3 億日圓進行簡化微型衛星（microsatellite）的開發週期等。這些都顯示日本政府欲提高太空競爭力，並積極提高相關研發能力。[59] 2030 年日本的太空產業預估有 1.2 兆日圓，2022 年行政省廳的總預算為 5,219 億日圓，各省廳的太空預算請參考表 5-5。當中以文部科學省太空預算最高，其次為防衛省和國土交通省，顯見日本政府對於太空戰略係以科技研發為首，輔以防衛安保的重要性來進行。[60] 建基在科技基礎培養上，但 2022 年 10 月發射火箭的失敗，造成日本政府須進行太空戰略性調整，以及如何運用有限財源，來面對月球計畫和國際太空站的參與等。

中須賀眞一表示日本現今是以政府為主進行太空開發，包含火箭、運輸、準天頂系統等。其次在觀測地球的衛星，或是光學衛星、合成孔徑雷達，以及觀測溫室氣體效應、大氣層中粒子情況等都在衛星開發中。通訊傳輸已經移往民間商機，但作為國家層級的技術開發，則是以技術試驗衛星「ETS-9」計畫，預計於 2023 年升空。在太空科學探勘方面，除了已知的「Hayabusa」（日文：はやぶさ），JAXA 尚有以 X 光線或紅外線進行太空觀測的衛星計畫。從人類太空開發的觀點來看，從 2021 年運作已久的國際太空站重點，開始移往月球探勘的「阿提米絲計畫」。日本政府的太空

[59] 財團法人國家實驗研究院科技政策研究與資訊中心科技產業資訊室，2021/3/15，〈日本 2021 年太空預算達 41.4 億美元 成長 23.1%〉，https://iknow.stpi.narl.org.tw/post/Read.aspx?PostID=17597，上網檢視日期：2022/5/18。

[60] 日本內閣府宇宙開發戰略推進事務局，2022，〈令和 4 年度当初予算案および令和 3 度補正予算における宇宙関係予算〉，https://www8.cao.go.jp/space/budget/r04/fy4_yosan_fy3hosei.pdf，上網檢視日期：2022/4/5。

表 5-5　2022 年日本行政省廳的太空預算

單位：日圓

行政省廳	預算金額
內閣官房	800億
內閣府	371億
警察廳	11億
外務省	3億
文部科學省	2,212億
農林水產省	101億
經濟產業省	237億
國土交通省	254億
環境省	87億
防衛省	969億

＊作者自行整理。

預算為 4,500 億日圓，但多數是政府需求，未來應該提高民間需求或是增加外部需求，是近期日本太空產業的課題之一。[61]

　　整體而言，JAXA 的角色與功能在太空狀況覺知方面，近來已有強調安保的重要性，以及防衛省派駐人員的動向出現；衛星技術改革方面，可觀察出與民間太空產業的互動、衛星群的氣象觀測、量子衛星的開發、衛星技術的民生運用、開發容量大且壽命長的 HTS 衛星、戰時衛星通信的重要性等；JAXA 發展的課題則是 2023 年日本和美國共享太空狀況覺知的簽署、JAXA 與內閣行政

---

[61] MUGENLABO Magazine，2021/11/16，〈国産衛星スタートアップの父が語る、宇宙産業の最前線と未来像【業界解説・東京大学 中須賀教授】（前半）〉，https://mugenlabo-magazine.kddi.com/list/space-nakasuka1/，上網檢視日期：2022/8/18。

的不一致、確保運作財源、人才培育、海洋與太空結合的運用、政府對民間太空產業的誘因不足，導致衛星市場量能尚未放大等。

　　諸如澳洲、紐西蘭、英國等海洋國家並非將太空政策置於首要考量來制定，反而大陸國家因為幅員遼闊，會致力於太空政策和發展，海洋國家較重視海洋政策的設定。目前日本的太空發展在憲法限制下，為了對應中國、北韓、俄羅斯的威脅，可謂 2008 年以來《宇宙基本法》通過後是一大轉捩點。鈴木一人認為日本未來太空發展的方向：1. 2022 年底《防衛計畫大綱》的制定上，會加強安保面向上太空的重要性；2. JAXA 強化與民間產業的合作關係，不能僅是停留在研發面向，還需衝刺與民間產業的合作以刺激日本太空的發展。雖然 2022 年 10 月日本發射 Ibushiro rocket（日文：イプシロンロケット 6 号機）6 號機失敗了，未來政府將調整太空戰略發展方向；3. 日本參與國際太空站（ISS）與月球計畫之間，若同時要參與此兩計畫，將造成國家財政負擔，或者被迫放棄某一計畫的參與之可能性。意即日本未來發展太空發展的難題有，ISS、月球計畫、安保、產業等議題。[62]

---

[62] 作者曾於 2022 年 10 月 19 日拜訪鈴木一人教授進行深度訪談。

|第六章|
台日太空外交的合作鏈結策略

2019 年日本內閣府指出當下太空發展的課題：1. 民生利用方面；2. 安全保障方面；3. 科技和產業基礎方面。針對此些課題，我國在民生利用方面可以加入日本準天頂系統、超智慧城市的合作等。安全保障方面，對日本而言，在地緣政治上關係最友好者莫過於台灣，我國可以積極爭取加入印太戰略一環，或與日本進行太空軍事交流等。科技和產業基礎方面，我國可以積極爭取參與日本主導的亞太太空區域論壇。日本欲藉由該論壇進行區域性太空科普的傳播、太空互賴性的建構、太空國際法制化等。其次，在產業基礎上，我國以地面設備製造優勢，鏈結日本的太空科技提升、衛星資訊統合等，有助於台日的太空發展雙贏局面。

本書認為台日太空外交合作鏈結策略如下：壹、台日太空經貿之互動：一、準天頂系統的參與；二、地方創生與超智慧城市；三、太空產業供應鏈。貳、太空之安保對話。參、太空外交之可能：一、太空科普的傳播；二、太空互賴性的建構；三、太空國際法制化。

壹、台日太空經貿互動方面

一、準天頂系統的參與

金田秀昭於民主黨政權時期（2010 年）提出對日本太空的建議是「軍民兼用」（日文：防民共生）、「自主與同盟」（日文：自盟協立）、「財政與操作分離」（日文：財運分離）。所謂軍民兼用是指推動防衛與民間兩用的衛星體制，並且發射特定範疇的防衛專用衛星。自主與同盟是日本需達到自主性衛星的運作，以完善、替代、備用美國衛星；同盟則是美日衛星共同運作之外，還可進行共同開發、出資、維護等，或者為避免日本太空發展過於傾斜美

國，可考慮與歐洲或澳洲的合作。財政與操作分離則是政府全體的
財政必須與防衛省、自衛隊的運作區分出來。若是防衛用衛星理所
當然是由防衛省操作，但在開發、出資、維護等面向上，要由單一
省廳來負擔則過於龐大，且需要有嶄新的技術。因此需要有政府整
體財政的支持，以及綜合性活用太空技術、雲端數據等公私部門的
使用等。[1]

二、地方創生與超智慧城市

NEC 的 safer cities 有城鎮安全‧防災（public safety）、數位管
理（digital government）、交通（transportation）、智慧城市（smart
management）、數位健康照顧（digital healthcare），這些都跟太空系
統中的低軌衛星訊息發送、衛星遙測等功能相關。透過衛星觀測的
氣象預報，可以讓城鎮在面臨災害產生之前提造預防。數位管理方
面，透過地面設備或衛星蒐集的資料而成的大數據（big data）資
料庫，讓中央或地方政府以官民合作方式進行資料管理、分析，並
進一步運用於生活改善或提高品質。交通方面，未來世代的新移動
方式將有所不同，藉由資訊統合能快速且簡易移動。智慧城市方
面，無論是全球氣候異常、大型天災人禍等都能獲得解決，建構地
方自治體、當地議會、民間企業的合作關係，實現環保、促進生
產、安心且豐裕的社會。數位健康照顧方面，由於日本已經邁入超
高齡化社會。龐大的社會保險費用、看護醫療人才不足等，都是目
前重要的課題。因此預防勝於治療，透過 AI、物聯網、數位技術
等提前佈署，實現健康且長壽的社會。[2]

---

[1] 金田秀昭，2010，〈弾道ミサイル防衛と宇宙問題〉，日本国際問題研究所
主編，《新たな宇宙環境と軍備管理を含めた宇宙利用の規制—新たなア
プローチと枠組みの可能性—》，平成 21 年度外務省委託研究，頁 46-47。

[2] NEC，2022/4/14，"NEC safer cities"，https://jpn.nec.com/safercities/safety/

三、太空產業供應鏈

　　全球的太空市場是以衛星為主，約占整體 70-80%（2018 年）。細項分析其構成，使用衛星蒐集的數據為 40%、地面設備 30%、衛星製造 4%、升空 2%，其他則是諸如太空旅遊、國際太空站等相關市場。日本的太空規模約為 1.2 兆日圓，衛星製造、地面設備、升空等市場約為 3,000-4,000 億日圓，衛星通訊市場為 8,000 億日圓，意即等同於日本政府的太空總預算。其他如接收定位訊號的受信機、天線、定位系統等，這些被歸類在民生機器產業，約有 1.5 兆日圓。換言之，日本國內的太空市場依舊是以政府需求為主，屬於 G2B（Government to Business）的模式，此點與歐美的政府需求 40-60%、民間需求為 40% 的性質大不相同。[3]

　　有關台日產業和貿易交流之間，日本經濟產業省設有台灣事務對應窗口，另外也有「製造產業局宇宙產業室」。然而日本「由於太空產業的零件過多和過於零散，衛星等相關太空產業的統計資料不易取得。」又或者部分太空零件屬於傳統產業，如何納入太空產業統計也是一難題。也因為太空產業過於嶄新和跨領域，且研發多數在學術單位，日本整體的衛星市場尚不顯著。未來台日之間若是想進行太空產業合作或貿易交流，相關對應窗口、太空零件的統計數據、太空與安保之間等，仍有待時間和多方交流才有可能達成[4]。

　　其次，可循國際間非正式組織運作的依賴路徑方式，諸如仿效日本「日歐產業協力中心」召開國際會議，進行資訊或技術交流等。同時善用民間協會的靈活性，如日本民間有（財）「日本太

---

index.html?，上網檢視日期：2022/4/14。

[3]　齊田興哉，2018，《宇宙ビジネス第三の波》，東京：日刊工業新聞社，頁 28-29。

[4]　作者曾於 2022 年 10 月 19 日拜訪日本經產省相關單位進行深度訪談。

空論壇」（日文：日本宇宙フォーラム，Japan Space Forum，簡稱
JSF），進行衛星設計比賽、「天文・太空・航空宣傳連絡會」事務
局運作、太空科技推廣事業、企劃或製作太空相關產品等，達到台
日雙方的太空產業對話和競賽。

貳、太空之安保對話

　　我國可以積極加入印太戰略一環或與日本進行太空軍事交流；
提升國家太空中心地位與 JAXA 或內閣層級對話，探討戰略思維、
安保性質、太空互賴等。Astroscale 企業的報告指出，現階段 SSA
系統依然是以美國為主導進行軍事行為和安保，相較之下，規模
較小的國家或民間企業就僅能在特定軌道或是太空物體上，進行
具有利基或是客製化的數據服務。因此無論是商機或是政府所需的
數據資料，在相關系統的建構、蒐集數據的技術、數據共享等面向
上，都仍有一定的市場性。其次，目前許多國家都已經在 SSA 面
向上進行數據交流或合作，但是更進一步的透明信賴機制的建構仍
是不明朗。從政策面美國主導的「通用數據分享」（Universal Data
Link, UDL）或「開放式結構框架資料儲存體」（Open Architecture
Data Repository, OADR）還未臻於完善，又或者技術面上數據的結
合、AI 等，都還需要 SSA 系統自動化特定的要素。[5]

　　2008 年日本《宇宙基本法》通過之際，橋本靖明發表了〈宇
宙基本法的成立－日本的宇宙安保政策〉（日文：宇宙基本法の成
立－日本の宇宙安保政策－），認為以往日本的太空政策是以非軍

---

[5]　アストロスケール，2020，《令和元年度内外一体の経済成長戦略構築に
かかる国際経済調査事業》調查報告書，日本經濟產業省委託業務，頁
161-162。

事利用目的進行，但是《宇宙基本法》的通過，意味著開啓日本的太空安保發展方向。事實上日本的太空開發不僅是產業發展或是安保，更重要的是科技方面的學術研發等。其次，日本《宇宙基本法》的上路，亦包含安保的重要性。[6]

日本《宇宙基本法》的性質與安保結合，因此結合半導體、新創產業、太空科技等相關經濟戰略性產業或是軍民兩用複合體產業等，有助於我國在地緣政治上與日本結合或對話。近期中美對抗之下台灣問題日益深刻，同時烏克蘭戰爭也引發日本重視周遭安保議題。若要讓日本認知在太空或衛星傳送情資的重要性，則台灣在安保的戰略性不可忽視。對於同處東亞的日本和台灣，在日本主導的 APRSAF，建議我國應建立相關對應窗口，與日方國會議員、內閣府、行政省廳、政黨等對話。又或者我國應派人加強與日方溝通或宣傳，或是邀請日方來我國參訪，皆有助於我國在太空科技合作、法條參考、對外宣傳等。

中國企圖在太空透過制度化和永續化的方式取得影響力，從2008 年成立亞太太空合作組織（APSCO）即可得知。參與此組織的國家可以不用受到歐美的束縛，且與歐美國家是以平等立場參與組織，中國與其會員國之間呈現的是支配性從屬關係。首先會員國必須擁有中國的定位衛星、遙測衛星的數據、通訊或傳播衛星等，對多數開發中國家而言，能夠以低成本購入或免費得到衛星，對於國家通訊或發展是有幫助的。而且衛星的運用還須搭配地面設備的建設，因此從天上到地面的設備全部中國製造，連技術人員也是中國人進行教育訓練。透過這些中亞或東南亞國家的留學

6　日本防衛研究所橋本靖明，曾於 2013-2014 年擔任日本宇宙政策委員會臨時委員、2013 年起爲國際宇宙法學會理事。橋本靖明，2008，〈宇宙基本法の成立 －日本の宇宙安保政策－〉，《防衛研究所ニュース》，7 月號，http://www.nids.mod.go.jp/publication/briefing/pdf/2008/briefing722.pdf，頁1。

生到中國學習航天知識和技術，也讓中國的影響力滲透到社會互動，這不僅是一種太空商機，也是太空外交。[7]

　　松田康博表示，近期共機繞台以及中共在日本周遭釣魚台航行的常態化，造成東北亞區域不穩定和緊張關係。近來屢有可能台海爆發戰爭的傳聞，中共的軍事也運用到太空且預算龐大，但其技術和品質仍不如美國。中國在一帶一路的盟友關係建構上，也積極推動自國產業或衛星，其方式類似舊蘇聯時期的共產圈的盟友產生，與以美國為主推廣民主價值和自由經濟市場構築的太空商業發展模式不同。唯須注意的是，2022 年 8 月美國國務卿龐培奧（Mike Pompeo）訪台，中共大動作進行共軍演習。往後若是 8 月的時候中共進行定期常態性軍事演習，則表示中共已欲於平時訓練共軍，增添進犯台灣的可能性。近年台日軍事防衛預算都逐年增加，顯示東亞的不穩定情況愈加明顯。取 2022 年爆發的烏克蘭戰爭之例即可明白，事前防備遠比爆發戰爭或衝突好，否則國家利益將遭受更多損害。台海一旦爆發衝突或戰爭，是有可能牽連到日本、南韓，屆時將形同爆發第三次世界大戰。對日本而言，戰後日本從未修憲過，且又面對北韓和中國的威脅，必須比以前更加強化防衛力。即使日本短期內不會修憲進行自衛隊的變動，但在太空科技運用在軍事上的預算和規模將擴大。[8]

7　青木節子，2021，〈宇宙を支配する「量子科学衛星」の脅威〉，《文芸春秋》，第 99 期第 8 卷，頁 133-134。

8　作者曾於 2022 年 9 月 28 日拜訪松田康博教授進行深度訪談。松田康博，2022，〈東京大學東洋文化研究所松田康博研究室〉，https://ymatsuda.ioc.u-tokyo.ac.jp/ch/index.html，上網檢視日期：2022/8/13。

參、太空外交之可能

一、太空科普的傳播

建立台日產官學在太空互動的平台或學術討論，從關係互惠而言，進行與日方學者的互動關係，可獲得多方觀點與合作可能。由於大學高等教育往往是創新產業培植的溫床，同時也是連接與政府未來產業的重要鏈結，以下就太空與安保、科技、地球環境、海洋之間說明如下。

（一）太空與安保之間

由於烏俄戰爭引發諸國對於太空運用在戰爭重要性的注目，且中國無論擴大太空軍事的預算，或是與一帶一路的盟國組成太空合作，都會危害地緣政治的穩定。如此一來，日本國內必須有所對應，進而推動修憲進程和加強防衛的能力。而台灣作為日本的友好鄰國，未來在太空合作上可由學術交流作為出發點，來加深彼此互賴關係。或者從技術合作的面向上，也可以在彼此優缺點的互補下，共同追求可能的國際太空市場。

同樣也注重太空與安保關聯性的鈴木一人教授（Kazuto Suzuki，東京大學公共政策大學院），[9] 他與城山英明教授共同進行〈科技系統的重新建構〉（日文：科学技術政策システムの再構築）計畫，旨在探討現代科技政策並非狹義科技的研發，更是與各領域的社會變革緊密連結。決定科技政策的主要行為者為政府行政部

---

[9] 專攻國際政治經濟學、科技與安保、太空政策等，於 2013-2015 年擔任聯合國安保理事會伊朗制裁專家 panel 委員等。東京財團政策研究所，2022，〈鈴木一人〉，https://www.tkfd.or.jp/experts/detail.php?id=689，上網檢視日期：2022/8/20。

門，且與各相關利害者（stakeholder）進行調整。尤以近年來新冠疫情、數位化、氣候異常等事件，促使行政部門必須快速對應。從國際因素來看，中美對立下的科技政策也造成地緣政治緊張的要素之一。日本與其他 OECD 國家相比，政府的研發投資金額偏少，相對凸顯民間的研發或投資重要。就此，日本如何透過政策手段重新建構科技政策系統，並且從比較政治觀點來分析。[10]

鈴木教授表示日本早期的衛星開發受到美國因素干擾發展遲緩，但 1998 年肇因於北韓首度向日本發射導彈，迫使日本必須著手進行防禦。除了美國因素造成日本衛星開發遲緩之外，和平憲法的制度也阻礙了 JAXA 運作和民間產業的發展。爾後 2003 年日本發射火箭失敗後遭受批評，因為 JAXA 被賦予安保的任務。緊接著日本太空戰略的主導者，從以往依賴 JAXA 移轉至內閣，構成農林水產省、防衛省、經產省、JAXA 等共同參與太空戰略內容制定。日本自此也設立宇宙開發擔當大臣，讓其擔任政治責任，不讓太空戰略發展僅為研發口號，而是更加賦予目標。[11]

但是 JAXA 屬於太空專業技術單位，與內閣的目標與行政任務會有不同的認知與想法，近年來雙方彼此試圖磨合讓國家發展的目標盡量一致。面對國家防衛，近來在台海問題、北韓頻射導彈、烏俄戰爭等影響下，JAXA 也認同太空發展必須包含更多安保考量。因此即使 JAXA 的預算逐年減少，然而日本政府對於安保中的太空預算卻是逐年增加。因此鈴木教授認為日本是個島國，與中、美等大國發展太空的重要性不同，因此出現太空戰略發展與其他政策之間優先順序選擇的問題，台灣和南韓也如是。對台灣而言，兩岸問題是目前最重要的；對日本而言，北韓導彈和中國威脅的地緣風險

---

[10] 東京財團政策研究所，2022，〈科学技術政策システムの再構築〉，https://www.tkfd.or.jp/programs/detail.php?u_id=38，上網檢視日期：2022/8/20。

[11] 作者曾於 2022 年 10 月 19 日拜訪鈴木一人教授進行深度訪談。

之下，進行導彈防衛是第一的，台灣與日本的太空發展被擱置在兩岸問題和北韓導彈防禦之下。國家依據安保方式、領域的防衛、反擊力之順序和能力組合，逐漸加重太空要素以制定太空政策和優先順序。2008 年起日本《防衛計畫大綱》開始在防衛項目中加入太空要素，2020 年《JAXA 法》修法後提高安保中的太空比例，預計 2022 年底《防衛計畫大綱》將大幅提高太空能力。

鈴木教授表示台日都為島國，反而在海洋與太空連結上的衛星功能愈加重要，與陸權國中國或美國設定太空政策的優先性、目標、手段不同。日本未來太空發展的方向有提高導彈防衛技術，以及在政治層面上防止中國。台日之間若要進行太空合作，由於牽涉到國家技術和機密，其門檻高且有中國因素存在。就台灣而言，東部較適合發射火箭，反觀韓國，因為其位於中俄之間，東西兩邊都無法試射火箭，導致先天因素限制了發展太空。以色列更是如此，領土四周完全被包圍而無法進行火箭發射。簡言之，台灣的太空發展與安保之間，牽涉到台灣海峽的安全問題與重要性，建議：1. 發展地球觀測衛星，可運用在電波無法傳送的地方，進行衛星觀測和蒐集資料；2. 海洋管理，設立防衛導引（Guideline）；3. 安保法律面向上，重視海洋與陸地的連結和通信，往後衛星通訊的功能會更加重要；4. 開發火箭或導彈，避免來自中國的威脅。台灣半導體等高科技產業在地緣政治上愈加重要，但未來火箭的製造亦是重要的。

（二）太空與科技之間

城山英明教授（Hideaki Shiroyama，東京大學政治學研究科）。表示 JAXA 步調與內閣府不一致 [12]、JAXA 不太以安保觀點進行發

---

[12] 城山教授專攻行政學、國際行政論、科技與公共政策等，目前擔任東京大學未來願景研究中心（日文：未来ビジョン研究センター）執行長。東京大学未来ビジョン研究センター，2022，〈城山英明〉，https://ifi.u-tokyo.

展，產業化發展是以準天頂系統為主進行等。對亞洲而言，未來進行太空資源管理是重要的。日本政府與亞洲進行太空合作的國家主要是越南、泰國等，尚未與台灣接洽過。在一中原則干擾下，台日之間的太空合作從學術點切入是較恰當的。除此之外，低軌衛星、中古衛星買賣等也值得注目，近來北韓的導彈威脅，凸顯日本衛星製造和監視系統的重要性。日本的低軌衛星發展優點，在於以準天頂系統為主的安保，係可搭配美國的 GPS 系統，以及對歐洲推廣並建立聯盟關係。[13]

其次，目前台灣在中美對立下，凸顯半導體製造的重要性，日本未來十年也計畫投入半導體產業。整體而言，日本 JAXA 的年度預算逐年下降，相對地在防衛的太空預算卻是逐年增加。日本科技政策的發展是由經產省、文部科學省、民間企業等，透過部會進行協商和討論而來。日本 Society 5.0 基本上是以五年為一期，接下來的第六期是第五期的延長內容，未來利用衛星系統可進行定位、超智慧城市建構、能源政策、長照服務等，都是 Society 5.0 所欲推行的。未來台日若要在科技方面進行合作，可從 1. 北韓的導彈威脅和中共對台威脅等安保合作；2. JAXA 與中央大學太空系的學術交流，如留學生項目等；3. 參與 APRSAF，此論壇雖屬技術層面居多的區域組織，但台灣可透過此場域與日本相關專家與學者交換意見或技術討論。又或者未來日本的社會保障費用龐大，加上近來能源政策和電力緊張，日本和台灣一樣都使用核能發電和風力發電，如

---

ac.jp/people/shiroyama-hideaki/，上網檢視日期：2022/8/20。2016 年 10 月起擔任總務省 AI 網絡社會推動會議成員（日文：総務省 AI ネットワーク社会推進会議構成員）、2017 年 9 月起日本學術會議連整委員、2018 年 4 月內閣府自治體 SDGs 推動評價・調查檢討會委員等。東京財團政策研究所，2022，〈城山英明〉，https://www.tkfd.or.jp/experts/detail.php?id=657，上網檢視日期：2022/8/20。

[13] 作者曾於 2022 年 10 月 11 日拜訪城山英明教授進行深度訪談。

秋田使用風力發電等。台灣目前的風力發電廠商多數使用歐規，日本廠商長年來欲加入卻不如人意。未來或許可以針對能源政策、風力發電技術進行台日合作的對話。

（三）太空與地球環境之間

台灣的福衛 2 號（FORMOSAT-2，2004-2016 年）執行任務可謂成功，於美國進行發射，期間曾提供給南亞大海嘯時相關海洋照片、2008 年四川大地震、智利、緬甸等國發生災害時，也都提供相關數據和照片。尤其是四川大地震時，正值福衛 2 號第 1 軌位於台灣上空、第 2 軌位於四川上空的狀態下可迅速擷取照片，這些都是透過中央大學天線接收圖像。2011 年日本發生 311 海嘯時或是進行農業評估，都借助福衛 2 號的衛星功能進行援助。

日本方面，中須賀眞一教授（NAKASUKA Shinichi，東京大學工學系研究科），研究課題（2021/4-2024/3）〈超高精度編組飛行和適應性光學之合成孔徑望遠鏡的地面實證〉（日文：超高精度フォーメーションフライトと補償光学による合成開口望遠鏡の地上実証），是由低軌衛星到接近 1m 的高分解能力之地球觀測衛星進行開發內容，重點在於高頻度觀測。諸如森林火災檢測等可在 10 分鐘內高度觀測頻率和高空分解之間，透過靜止軌道周遭配置超小型衛星的「靜止遙測」，力求可高空分解的大孔徑光學方式，是以多個超小型衛星構成的「合成孔徑望遠鏡」方式。這是一種關鍵技術，若可落實將可以超高精度編組飛行、能動光學、適應性光學來協調控制，進行合成孔徑望遠鏡的地面實證。[14]

---

[14] 中須賀教授作為東京大學領導太空發展的重要人物，專攻太空工學，研究範疇有超小型衛星、太空物體航行之引誘控制（日文：宇宙機の航法誘導制御）、太空機器系統（日文：宇宙機器システム）、智慧化與自律化等。中須賀教授曾於 2012 年擔任日本內閣層級宇宙政策委員會委員。KAKEN，2021/4/28，〈超高精度フォーメーションフライトと補償光学による合成開口望遠鏡の地上実証〉，https://kaken.nii.ac.jp/ja/grant/

（四）太空與海洋之間

　　就日本的海洋政策的制定和實踐而言，政府與民間企業仍有落差、農林水產省與當地漁業發展的分歧、太空與海洋的連結等，現階段仍是停留在監視機制和通訊功能等。日本即使通過《海洋基本法》和《宇宙基本法》，實踐面上行政省廳和現場實務仍各自為政。縱然最後委由日本內閣作為最高領導單位進行統籌，但實踐性仍不夠。而日本海洋立國由來已久，依舊為 1. 海洋與太空的國家預算都減少；2. 內閣雖為最高領導單位，但實踐力不足、政治色彩高；3. 海洋與太空不易結合，太空技術多數屬於高科技，但日本海洋發展因與人民生活習習相關，一旦要套用高科技於漁業仍屬高度挑戰；4. 近年來因中美對立，導致海底電纜鋪設也出現對抗的格局。

　　土屋大洋教授（Motohiro Tsuchiya，慶應義塾大學綜合政策學部）針對日本的太空發展、戰爭與衛星運用、太空運用與議題等，[15] 表示：1. 近年來因為疫情和國內情況日本的太空發展停滯，相關法制不太可能出現修改動向，但防衛中有關太空的預算卻持續增加。其次，JAXA 是一個太空專業技術單位，不具太多政治色彩和決策力，即使是文部科學省和經產省贊助的行政法人，仍具有獨立性。JAXA 與內閣的設定目標也不太一致，事實上日本《宇宙基本法》已經通過十餘年，但國內的太空發展並未有太大變化。太空對人類的生活將日漸重要，應當更加致力推動民眾對太空的注意；2. 戰爭與衛星運用，烏俄戰爭可持續至今，主要歸功於民間企業的大力支持，且民間的太空能力高於政府。烏俄戰爭雖想利用衛星拍攝地面照片，但需要眾多衛星且花費龐大，無法一時之間擴展出龐

KAKENHI-PROJECT-21H01534/，上網檢視日期：2022/8/14。

[15] 土屋教授專攻海底電纜、網路通訊、太空政策等，2019 年 4 月起擔任日本內閣府宇宙政策委員會宇宙安全保障部會委員。慶應義塾大學，2022，〈土屋大洋〉，https://k-ris.keio.ac.jp/html/100012165_ja.html#item_kaknh_bnrui_2，上網檢視日期：2022/8/20。

大的衛星拍照群。因此透過民間企業的協助，烏克蘭才得以支撐到現在。相對地，台海問題短期內不會消失，無論戰爭爆發與否，台日都應加強防衛和太空安保合作。另一方面，中國網軍的攻擊也日益加深。台灣未來要與中國或是美國合作，須注意高科技不要被中國剽竊；3. 太空運用與議題，太空議題過於廣泛，雖為科技政策的一部分，卻預算和規模都大，而且政府部門的發展不如民間企業且對應緩慢。其次，海底電纜和衛星都需要透過地面設備進行傳輸，萬一爆發戰爭之際，敵方僅需攻擊地面設備即可斷訊或癱瘓武器。相較於太空發展，近來台灣的海底電纜較有動向。

　　日本的海洋政策研究所工藤榮介參與表示，目前日本的海洋和太空發展仍各自發展，雖然自 2007 年通過《海洋基本法》、2008年通過《宇宙基本法》，但唯一能做統籌性工作的僅有內閣。截至現在的岸田內閣才了解海洋與太空結合的重要性，由海洋政策研究所提出〈有關衛星 VDES 的提言～邁向海洋數位化時代〉（日文：衛星 VDES に関する提言～海洋デジタル化時代に向けて～）。日本制定這些政策有其理念和意圖，但是政府的腳步往往跟不上民間的發展，即使是文部科學省或是遙測學會，也都一直在摸索海洋與太空的結合。另一方面，這些政策矛盾或不一致的地方很多，安保的考量也不等同於經濟發展。加上現在日本政府對於海洋預算逐年下降，而太空產業發展也耗資龐大，僅有防衛面向上的海洋和太空相關預算才有增加。同單位的田中廣太郎研究員也認為，日本有關太空與海洋的連結，目的性還是停留在監視機制和通訊功能。即使是如此，日本也是花費十數年時間才走到這一步。日本對於太空和海洋的運用結合仍不多，無論是中央或地方或是漁業工會等，甚至是農林水產省，多半出現有意見衝突或各自行政的狀況。即使是JAXA，也會出現有與內閣府不一致的情況。[16]

---

[16] 作者曾於 2022 年 10 月 6 日與工藤榮介參與、田中廣太郎研究員等召開閉門座談會。

二、太空互賴性的建構

來自學術界的啓發性與政策的連結性重要，但在實務上的對話與實踐，日本的智庫也扮演一定的重要性。日本的海洋政策研究所隸屬笹川和平財團（Sasakawa Peace Foundation），當中的「情報發送組」與資訊傳輸有相關研究。其次，海洋政策研究所於 2021 年成立有「衛星 VDES 委員會」，基於上世紀末從大型商船開始導入「自動識別系統」（Automotic Identification System, AIS），係爲掌握船舶位置以期帶來海上安全新里程碑的變革，以及 911 事件後爲監視可疑船舶動靜的「掌握海洋情況」（MDA）也會使用。同時也可能因爲廣泛性、經濟性、隱匿性等理由，許多漁船或吊掛船之小型船也很普及。因此，包含現有的 AIS 功能，截至目前爲止船舶間或船舶與陸地之間無法雙向數位通信的「VDES 數據交換系統」（VHF Data Exchange System）開始在國際組織間討論，認爲未來應朝向 AIS 發展。[17]

就此，台日可在專屬經濟海域（Exclusive Economic Zone, EEZ）建立監視通訊等共享機制，以及近來日本飽受北韓發射導彈，台灣也受到共機擾台影響。台日共同面對地緣政治隱憂，若能夠建立平時對應態勢或戰爭對應體制，有助於區域穩定和分擔成本。除了與重要智庫的互動，日本自民黨內的政務調查會宇宙・海洋開發特別委員會也是該國太空發展重要的關鍵角色。透過具影響力的智庫、擁有擬定政策能力單位等實務者的經驗交流，可獲得專業且深入的內容，甚或可取得行政協助或最新資訊。日本自民黨作爲長期執政黨，近來由於中美對立、中日地緣政治緊張等區域問題，從 CPTPP（Comprehensive and Progressive Agreement for Trans-

---

[17] 笹川平和財團，2022/8/19，〈『衛星VDESに関する提言』を提出しました〉，https://www.spf.org/opri/news/20220819.html，上網檢視日期：2022/9/11。

Pacific Partnership，跨太平洋夥伴全面進步協定）與一帶一路在區域經濟的對抗關係，即可看出端倪。目前由美國主導的印太經濟架構（Indo-Pacific Economic Framework, IPEF）係四方會談的擴大經濟版，IPEF 與 CPTPP 的差異在於並非要撤除關稅，而是在於加強貿易、綠色經濟、全球產業供應鏈、公平交易等。該經濟協定框架重點在於強化與中國的對抗關係，而且共 14 國參加、可選擇某一領域而非需要全部參與加入等。

三、太空國際法制化

日本除了積極發展國內太空之外，也熱心參與對相關的國際建制和國際法，藉以取得國際上的太空話語權。APRSAF 是由日本文部科學省、經產省、JAXA 共同舉辦，透過專家學者的媒介可取得事前共識，以及擴大我國對外太空的宣傳與參與，吸引更多人才與國家和我國合作或交流的可能。再者，積極與日方學者建立關係，有助於我國在太空國際法的最新認識，除了太空學術交流之外，也可達到太空外交的可能性。

青木節子教授（Setsuko Aoki，慶應義塾大學法務研究科），為日本資深且專業的國際太空法專家，[18] 表示日本在參與太空國際法制化動向、亞太區域太空發展的現況、東北亞地緣政治的合作與對抗關係等，有助於我國未來要在國際、區域、雙邊層次上發展太

---

[18] 青木教授專攻太空法、國際法等。2011 年 11 月 -2012 年 3 月擔任文部科學省宇宙開發委員會委員、2012 年 7 月截至目前擔任日本內閣府宇宙政策委員會委員、2013 年 4 月起擔任聯合國太空和平利用委員會法律小委員會「檢討太空和平性探勘合作的國際框架」（日文：宇宙の平和的な探査利用協力の国際枠組検討）作業部會議長。慶應義塾大學，2022，〈青木節子〉，https://k-ris.keio.ac.jp/html/100013299_ja.html#item_gkkai_iinkai_2，上網檢視日期：2022/8/20。

空時的重要參考。青木教授認爲台海問題日益嚴重，日本也面臨北韓頻射導彈危機，加上烏俄戰爭爆發凸顯太空軍事的重要性。其次，日本 2、30 年前對於太空與安保之間的討論並不多，反而在海底電纜的研究較多。但是當 Stralink 等國際企業逐漸擴大太空的民間運用，政府和民眾都注意到太空的重要性。因此從地緣政治來看，台灣有事就是日本有事，在安保防衛上，台日應加強彼此交流和互助。即使國際社會存在有一中原則，仍不應讓台灣在如 APRSAF 國際太空討論的場域中缺席，讓民主價值得到實質保護。由於產業界也可參與 APRSAF，故我國不論是以國家身分或是經濟實體、第三部門、私部門身分皆可參與。透過國際太空組織的參與，推動我國太空產業具優勢的地面設備，可降低對象國的衛星運作成本，又或者得到先進國的技術援助，提高我國的技術門檻，同時可得到太空互賴性關係的外溢效果。[19]

　　藉由歐日的太空合作方式觀察台日太空外交之可能性，或藉由日本平台建構與歐洲的互動。比較 APRSAF 和 ESA 國際性太空區域組織的差異（見表 6-1），兩者皆屬於靈活性會員參與的環境，致力於民生運用或是專業性太空知識交流等，台灣的國家太空中心兩者皆有加入。

表 6-1　APRSAF 和 ESA 國際性太空區域組織的比較

	APRSAF	ESA
成員	國家、企業、團體等	國家、企業、團體等
性質	太空科技交流	民生運用
衛星系統	準天頂系統	伽利略系統

＊作者自行整理

---

[19] 作者曾於 2022 年 10 月 27 日拜訪青木節子教授進行深度訪談。

　　就未來我國要參考太空國際法制化的動向來看，首先，《JAXA 法》修法後明確被賦予安保的目的，而我國的《太空發展法》仍停留在規範火箭或衛星發射。就目前我國發展太空狀況而言，首先，在太空科技或學術交流方面，駐日代表處針對台日交流或雙邊合作計畫進行協調或協助。主要業務內容可區分有：1. 雙邊計畫，但牽涉到雙邊互審導致通過率低；抑或者依據政策問題來排列優先順序，若此兩者出現衝同時則進行協商；2. 共同議題，台日進行 workshop 以定期性進行交流或召開工作會議；3. 資訊交流；4. 高層交流。[20]

　　其次，在台日太空產業鏈方面，我國的太空法將升級，或國家太空中心於 2022 年底行政法人化獨立後仍持續擴大和規劃中。觀察日本心 JAXA 內部組織，區分有教育、經濟、政策等分組，但規模和分工仍不及日本，同時也缺乏相對應的窗口。另外，JAXA 目前重點置於小型衛星和低軌衛星、月球計畫等；我國的國家太空中心的重心則在於火箭發射。台灣國內有關太空發展的相關單位未來應該連結一起，諸如經濟部、教育部、中研院、國科會等共同成立一大團隊統合分工。相對地，目前我國最欠缺太空產業鏈的結合，目前在太空外交上已有部分會議召開、東京大學也與台灣的中央大學有合作，如發射火箭的福衛 8 號。

　　第三，在太空外交方面，美日的太空合作多數聚焦光學或遙測衛星上，未來我國要推動太空產業或太空法升級，或許需進一步與日本經產省互動，但台灣卻沒有相對應的窗口，而無法提出標準化或相容法律。因此無論在福衛 8 號或遙測衛星，台灣要自製火箭發射，以及在 2024 年進行太空法升級，都還有努力的空間。台日的太空外交須由雙方各層面的學者、專家、政界等積極互動合作交

---

[20] 作者曾於 2022 年 9 月 27 日拜訪我國駐日經濟文化代表處，並且向鄒幼涵科技顧問進行深度訪談。

流，進而產生對外交或產業的影響，成爲我國太空發展的推動力。

2022 年 7 月我國的國家太空中心表示，美國太空中心希望在供應鏈上不要有中國影子，[21] 目前已有台灣廠商與美國 space x 合作，希冀成爲美國太空中心供應鏈的一部分。由於國家太空中心屬於法人性質且遵從政府的政策指引，不會參與中國的太空組織和商業合作，因此台灣的太空產業（民間企業）、太空科研組織、學術界和中國合作及交流情形不多。另一方面，台灣的國家太空中心和中央大學皆有參加 APRSAF，雖然中國也爲該組織的會員國，但並不活躍。APRSAF 和 APSCO 都積極想爭取韓國加入，但韓國比較傾向加入 APRSAF。[22]

1996 年美國原本試圖與中國合作發射衛星，因爲「長征三號乙火箭」發射失敗而思考到技術外洩的可能性。2011 年美國國會立法禁止雙方的航天合作，此後中國開始獨立發展國際太空站項目。冷戰期間國際社會合作的國際太空站預計於 2030 年退役，屆時若民主國家間不繼續延長或另行打造新的太空站，則 2021 年啓動的中國「天宮號」，將成爲地球軌道上唯一的載人太空站。美國近來的太空發展重點之一基於《阿提米斯協議》是在月球上建設探勘與相關基地，並獲得澳洲、加拿大、義大利、日本、盧森堡、阿拉伯聯合大公國、英國簽署參與。該協議強調會進一步落實對各國從事太空活動進行基本規範的《外太空條約》，也會和平且平等地探索月球上的資源。

在我國《國家安全法》及《兩岸人民關係條例》修正後，高科技的技術和人才流出管制更加嚴格。太空發展相關組織的一級主管、計畫主持人，以及退休人員 3 年內赴大陸及香港都需要報

---

21 美國國會於 2011 年通過《沃爾夫條款》(*Wolf Amendament*)，禁止 NASA 和中國技術合作，中國太空人也被排除在國際太空站（ISS）外。

22 本書撰寫期間於 2022 年 7 月 29 日台灣國家太空中心訪談紀錄。

備，違反意圖危害國家安全或社會安定會有罰則。目前台灣太空發展以使用的角度、商業化爲主要發展，如衛星等，國防安全則是在火箭和飛彈的發展。台灣衛星技術主要是來自歐洲、法國等而非美國，主因是美國的技術管制較嚴格、歐洲相對開放。台灣的國家太空中心於 1991 年成立，1999 年發射第一顆衛星福衛 1 號（Formosat-1），「主要任務爲電離層量測、海洋觀測、通訊實驗」，[23] 是與美國的 Thompson Ramo Wooldridge 公司合作。福衛 2 號是和法國、3 號與美國進行技術合作，第二期計畫起是以自製爲主的發展方向。然而台灣發射衛星的技術仍須和國外合作，如歐洲、美國、印度等國，部分零件會向歐洲採購。

發射火箭或衛星差異在於高度與速度，我國第一具探空火箭於 1999 年 12 月在屏東發射成功，開啓台灣邁入「近太空」（Near Space），於 2014 年發射「探空 10 號」後結束。[24] 2021 年台灣通過《太空發展法》，是我國第一部國家太空法案，其法律規範主要是仿效日本和韓國，目前發展以商業用途的衛星爲主，科學研究衛星較少。台灣在發射火箭時常有環評問題，日本也如是，因爲兩方都屬於四面環海的島國，國土面積不大，導致會有噪音或干擾漁業的可能性出現。反觀中美俄等大國因爲國土面積大，適合用來發射或試驗火箭。然而台日要進行合作，日本在太空發展已有 20 年以上的經驗，在行政分工和政治對應上，應先集中議題網羅各方意見後，建構太空溝通平台會較有效率和成果。

---

23 吳岸明，2015/12/21，〈臺灣的衛星發展〉，https://www.nspo.narl.org.tw/blog_view.php?c=20051202，上網檢視日期：2022/12/4。

24 引自黃楓台，「近太空是指地表以上 20 至 100 公里高的空間，由於在這個區域空氣密度稀薄難支撐大部分的飛機在此處飛行，然而其空氣阻力卻大到一般衛星難以在此高度作長久的運行，所以有人稱此區域爲一個死區。」黃楓台，2015，〈探空火箭載具發展〉，《天文館期刊》，第 67 期，頁 18-19。

　　美國 NASA 與台灣的國家太空中心在福衛 7 號上有所合作，「獵風者」（Triton）衛星則是與密西根大學航太系合作，進行 Ocean Wind（風力）、星系之衛星功能。換言之，以 GMS 衛星加上低軌衛星構成大氣層、GPS 訊號，推估折射和偏折角來觀測大氣和相關數值的模式，可運用在氣象預報上。福衛 3 號的任務成功，發展到 7 號和獵風者衛星，小型衛星發射在台灣進行，大型則在國外發射，如美國。

　　日本自民黨新藤義孝眾議員表示，台日友好情誼，尤其具有共同的民主價值觀，在安保或太空範疇面向上應攜手合作。雖然存在有一個中國原則從中阻擾，但近來習近平政權過於集權，加上烏俄戰爭，台日的確共同面對一個惡化的區域環境。其次，近來美國提起的半導體聯盟理應將台灣納入，並進一步在太空相互合作。太空包含安保問題，台日作為地緣共同體應加強合作，雖然各國的太空發展牽涉到國家機密，但面對中國或共軍問題應該共享情資。日本針對此議題，無論是今年或明年在太空預算和規模都將擴大。日本政府目前也積極推動太空產業的商業化，並且針對太空科技更加活用。日本依舊秉持和平憲法精神，進行積極防衛且更加充實太空相關產業，國際環境的紛擾逼迫日本必須採取更多動作。[25]

---

[25] 作者曾於 2022 年 9 月 21 日拜訪新藤義孝眾議員進行深度訪談。

參考文獻

一、中文部分

Daily Clipper，2022/1/12，〈Orbit Fab 的"太空加油站"將為 Astroscale 的服務衛星加註燃料〉，https://dailyclipper.net/news/2022/01/12/205835/，上網檢視日期：2022/10/5。

Dana J. Johnson, Scott Pace and C. Bryan Gabbard，余忠勇譯，2000，《太空：國力的新選擇》（*Space: Emerging Options for National Power*），台北：國防部史政編譯局。

Emma Stein，2022/11/1，〈被俄羅斯拒載後，歐幾里得衛星、Hera 探測器證實改搭 SpaceX 火箭〉，https://technews.tw/2022/11/01/euclid-telescope-spacex-hera-spacecraft/，上網檢視日期：2022/12/。

Paul Szymanski，2021，〈強權的太空手段〉，《國防情勢特刊》，第 9 期，頁 1-30。

Michael D. Swaine, Rachel M. Swanger、川上高志著，楊紫函譯，2002，《日本與彈道飛彈防禦》（*Japan and Ballistic Missile Defense*），台北：國防部史政翻譯室。

Udn，2020/10/14，〈金神盾或銀神盾的選擇？日本「陸基神盾」的千億國防僵局〉，https://global.udn.com/global_vision/story/8663/4932122，上網檢視日期：2022/12/4。

王光磊，2020/5/13，〈提升聯盟資訊共享 美太空軍公布「小林丸」平台〉，《青年日報社》，https://tw.news.yahoo.com/%E6%8F%90%E5%8D%87%E8%81%AF%E7%9B%9F%E8%B3%87%E8%A8%8A%E5%85%B1%E4%BA%AB-%E7%BE%8E%E5%A4%AA%E7%A9%BA%E8%BB%8D%E5%85%AC%E5%B8%83-%E5%B0%8F%E6%9E%97%E4%B8%B8-

%E5%B9%B3%E5%8F%B0-160000359.html，上網檢視日期：2022/4/7。

王明聰，2022/2/22，〈搶佔太空商機，台灣發展低軌衛星的「戰略意義」爲何？〉，https://sunrisemedium.com/p/101/communications-satellite，上網檢視日期：2022/4/4。

王奕勝，2017/9/18，〈GNSS 超級比一比〉，https://scitechvista.nat.gov.tw/c/sfqB.htm，上網檢視日期：2020/1/1。

中央通訊社，2020/6/15，〈日本停止部署陸基神盾 飛彈防禦計畫大調整〉，https://www.cna.com.tw/news/firstnews/202006150333.aspx，上網檢視日期：2022/12/4。

中國科技網，2020/10/13，〈"墨子號"量子衛星：太空最耀眼的"科學之星"〉，http://www.stdaily.com/index/kejixinwen/2020-10/13/content_1027133.shtml，上網檢視日期：2022/10/3。

青年日報，2022/8/23，〈美日攜 23 國全球哨兵聯演 強化太空安全合作〉，https://www.ydn.com.tw/news/newsInsidePage?chapterID=1525308&type=vision，上網檢視日期：2022/10/19。

林宗達，2011，〈探索中共太空攻勢作戰武器〉，《展望與探索》，第 9 卷第 8 期，頁 76-91。

吳岸明，2015/12/21，〈臺灣的衛星發展〉，https://www.nspo.narl.org.tw/blog_view.php?c=20051202，上網檢視日期：2022/12/4。

洪丁福，2005，《國際政治新論》，新北市：啓英。

洪瑞閔，〈法國航太產業發展及新冠肺炎衝擊的應處〉，《國防情勢特刊》，第 9 期，2021 年，頁 67-80。

科技新報，2022/3/12，〈馬斯克神救援烏克蘭！從 Starlink 看見低軌衛星在現代戰場上的意義〉，https://www.gvm.com.tw/article/87874，上網檢視日期：2022/10/3。

施欣妤，2021/8/17，〈美太空軍「太空系統指揮部」成軍〉，https://tw.news.yahoo.com/%E7%BE%8E%E5%A4%AA%E7%

A9%BA%E8%BB%8D-%E5%A4%AA%E7%A9%BA%E7%B3
%BB%E7%B5%B1%E6%8C%87%E6%8F%AE%E9%83%A8-
%E6%88%90%E8%BB%8D-160000487.html，上網檢視日期：
2022/12/4。

孫克難，2015，〈民間參與公共建設之 PFI 模式探討—引進新制度
　　經濟學觀點〉，《財稅研究》，第 44 卷第 5 期，頁 1-37。

財團法人國家實驗研究院科技政策研究與資訊中心科技產業資
　　訊室，2021/4/29，〈歐盟《太空法規》起飛 支援 148.8 億
　　歐元歐盟太空計劃〉，https://iknow.stpi.narl.org.tw/Post/Read.
　　aspx?PostID=17757，上網檢視日期：2022/5/18。

財團法人國家實驗研究院科技政策研究與資訊中心科技產業資訊
　　室，2022/2/17，〈歐盟提出太空計畫草案 投資 60 億歐元推
　　動寬頻星座 100 顆低軌道衛星〉，https://iknow.stpi.narl.org.tw/
　　Post/Read.aspx?PostID=18811，上網檢視日期：2022/4/26。

財團法人國家實驗研究院科技政策研究與資訊中心科技產業
　　資訊室，2021/3/15，〈日本 2021 年太空預算達 41.4 億
　　美元 成長 23.1%〉，https://iknow.stpi.narl.org.tw/post/Read.
　　aspx?PostID=17597，上網檢視日期：2022/5/18。

財團法人國家實驗研究院科技政策研究與資訊中心科技產
　　業資訊室，2021/10/8，〈軌道衛星運營商之需求也是
　　太空商機所在〉，https://iknow.stpi.narl.org.tw/Post/Read.
　　aspx?PostID=18356，上網檢視日期：2022/10/5。

許智翔，2021，〈英德法太空軍事戰略與部隊發展之評析〉，《國
　　防情勢特刊》，第 9 期，頁 64。

舒孝煌，2021，〈美國太空軍及未來太空安全挑戰〉，《國防情勢
　　特刊》，第 9 期，頁 31-42。

黃居正，〈特邀導讀〉，《國防情勢特刊》，第 9 期，2021 年，頁
　　i-iii。

黃楓台，2015，〈探空火箭載具發展〉，《天文館期刊》，第 67

期，頁 16-22。

鉅亨網新聞中心，2010/10/17，〈美國公布關鍵新興科技戰略 AI、半導體等 20 項技術入列〉，https://news.cnyes.com/news/ id/4534338，上網檢視日期：2021/9/7。

葉梓明，2019/10/29，〈【內幕】星戰計劃重演？中美太空爭霸 （上）〉，《大紀元》，https://www.epochtimes.com/b5/19/10/25/ n11611319.htm，上網檢視日期：2022/4/5。

楊鈞池，2010，〈日本太空政策與 2008 年「宇宙基本法」之分析─ 從「和平用途」到「戰略用途〉，《國際關係學報》，第 29 期， 頁 101-130。

楊鈞池，2020/5/17，〈征服宇宙？日本成立太空部隊的背後原 因〉，https://tw.news.yahoo.com/，上網檢視日期：2020/12/29。

楚良一，2022/1/19，〈日本將如何對應朝鮮屢發超音速導彈？〉， https://www.rfi.fr/tw/%E5%B0%88%E6%AC%84%E6%AA%A2 %E7%B4%A2/%E6%9D%B1%E4%BA%AC%E5%B0%88%E6 %AC%84/20220119-%E6%97%A5%E6%9C%AC%E5%B0%87 %E5%A6%82%E4%BD%95%E5%B0%8D%E6%87%89%E6%9 C%9D%E9%AE%AE%E5%B1%A2%E7%99%BC%E8%B6%85 %E9%9F%B3%E9%80%9F%E5%B0%8E%E5%BD%88，上網檢 視日期：2022/12/4。

廖立文，2018，〈試論台灣在新國際太空賽局與全球太空複合治理 體系中的定位與挑戰〉，《台灣國際研究季刊》，第 14 卷第 2 期，頁 149-172。

廖立文，2019，《太空政策、國際政治與全球治理》，台南：成大 出版社。

廖宏祥、安藤正，2021/8/29，〈《自由共和國》廖宏祥、安藤正 ／從《塔林手冊》探討台灣應有的網路安全戰略（一）〉， https://talk.ltn.com.tw/article/paper/1469564，上網檢視日期： 2022/4/6。

鄭子眞、鄭子善，2021，〈21 世紀日本太空戰略的發展和意涵〉，《遠景基金會季刊》，第 22 卷第 3 期，頁 105-152。

蔡榮峰，2020，〈制太空權：太空軍事化趨勢與兩用科技〉，蘇紫雲、江炘杓主編，《2020 國防科技趨勢》，頁 157-172。

二、日文部分

AFPBB News, 2012/1/19，〈宇宙における「国際行動規範」、米国も参加表明〉，https://www.afpbb.com/articles/-/2851732，上網檢視日期：2022/5/17。

APRSAF，2021，〈宇宙法政策分科會〉，https://www.aprsaf.org/jp/working_groups/spl/，上網檢視日期：2022/3/11。

APRSAF，2022，〈年次会合〉，https://www.aprsaf.org/jp/annual_meetings/#past，上網檢視日期：2022/11/20。

e-GOV，2008，《宇宙基本法》，https://elaws.e-gov.go.jp/document?lawid=420AC1000000043，上網檢視日期：2022/12/4。

EU MAG，2017/2/28，〈EU の新宇宙戦略と日・EU 協力〉，https://eumag.jp/feature/b0217/，上網檢視日期:2022/7/26。

IHI，2022，〈会社概要〉，https://www.ihi.co.jp/ia/company/outline/index.html，上網檢視日期：2022/5/6。

Intersteller Technologies，2022，〈会社概要〉，https://www.istellartech.com/teaser/index.html，上網檢視日期:2022/11/21。

JAXA，2013，〈宇宙法〉，https://www.jaxa.jp/library/space_law/chapter_2/2-2-2-5_j.html，上網檢視日期：2022/5/6。

JAXA，2017，〈宇宙状況把握（SSA）システム〉，https://www.jaxa.jp/projects/pr/brochure/pdf/05/engineering06.pdf，上網檢視日期：2022/5/23。

JAXA，2020/3/31，〈宇宙を見守る SSA〉，https://track.sfo.jaxa.
　jp/business_overview/busi_over08.html，上網檢視日期：
　2022/4/27。

JAXA，2022，〈宇宙・漁業問題の発端〉，https://www.isas.jaxa.
　jp/j/japan_s_history/chapter03/02/05.shtml，上網檢視日期：
　2022/5/6。

JAXA，2022，〈鹿児島方式〉，https://www.isas.jaxa.jp/j/japan_s_
　history/chapter03/02/06.shtml，上網檢視日期：2022/5/6。

JAXA，2022，〈（4）宇宙開発政策大綱（日本、1996 年 1 月
　24 日改訂、宇宙開発委員会）〉，https://www.jaxa.jp/library/
　space_law/chapter_4/4-1-1-4/4-1-1-4z_j.html，上網檢視日期：
　2022/5/6。

JAXA，2022，〈宇宙状況把握（SSA）システム〉，https://www.
　jaxa.jp/projects/ssa/，上網檢視日期：2022/4/27。

JAXA，2022，〈フォーメーションフライト〉，https://www.isas.
　jaxa.jp/j/enterp/tech/st/11.shtml，上網檢視日期：2022/8/14。

JAXA，2022/4/28，〈センチネル・アジア～宇宙からアジア太
　平洋地域の災害被害の軽減を目指す～〉，https://www.jaxa.
　jp/article/special/sentinel_asia/index_j.html，上網檢視日期：
　2022/4/28。

JAXA 新事業促進部，2022/5/20，〈燃料補給、機器交換～人工
　衛星の世界が劇的に変わる「軌道上サービス」～〉，https://
　aerospacebiz.jaxa.jp/topics/news/20220520_in_orbit_servicing/，
　上網檢視日期：2022/10/5。

JB press，2014/5/6，〈議論の的の「エアシーバトル構想」とは〉，
　https://jbpress.ismedia.jp/articles/-/40501。

John B Sheldon，2015，〈日欧間での国家安全保障宇宙協力の機
　会と課題〉，《平成 27 年度安全保障国際シンポジウム報告
　書》，東京：防衛研究所，頁 123-138。

KAKEN，2021/4/28，〈超高精度フォーメーションフライトと補償光学による合成開口望遠鏡の地上実証〉，https://kaken.nii.ac.jp/ja/grant/KAKENHI-PROJECT-21H01534/，上網檢視日期：2022/8/14。

MUGENLABO Magazine，2021/11/16，〈国産衛星スタートアップの父が語る、宇宙産業の最前線と未来像【業界解説・東京大学 中須賀教授】（前半）〉，https://mugenlabo-magazine.kddi.com/list/space-nakasuka1/，上網檢視日期：2022/8/18。

NEC，2022/4/14，〈NEC safer cities〉，https://jpn.nec.com/safercities/safety/index.html?，上網檢視日期：2022/4/14。

Sky Perfect JSAT Group，2022/4/28，〈沿革〉，https://www.skyperfectjsat.space/company/history/，上網檢視日期：2022/4/28。

Tellus，2022，〈テルースの概要〉，https://www.tellusxdp.com/ja/about/，上網檢視日期：2022/8/19。

Xavier Pasco，2015，〈欧州連合—脅威への対応〉，《平成27年度安全保障国際シンポジウム報告書》，東京：防衛研究所，頁95-108。

アストロスケール，2020，《令和元年度内外一体の経済成長戦略構築にかかる国際経済調査事業》調査報告書，日本經濟產業省委託業務。

マシュー・ブレジンスキー，野中香方子 ，2009，《レッドムーン・ショックースプートニクと宇宙時代のはじまり》，東京：NHK 出版。

みちびき，2018/10/25，〈みちびき利活用事例〉，https://qzss.go.jp/usage/userreport/use-cases_181025.html，上網檢視日期：2022/12/4。

小塚莊一郎、笹岡愛美編著，2021，《世界の宇宙ビジネス法》，東京：商事法務。

中川智治，2019，〈衛星リモートセンシングに関する国際法について〉，《福岡工業大學研究所所報》，第 2 卷，頁 119-123。

古川勝久，2010，〈安全保障・安全安心領域における宇宙能力の活用〉，日本国際問題研究所主編，《新たな宇宙環境と軍備管理を含めた宇宙利用の規制―新たなアプローチと枠組みの可能性―》，平成 21 年度外務省委託研究，頁 48-68。

日本文部科學省、JAXA，2020/2/18，〈アジア・太平洋地域宇宙機関会議（APRSAF-26）結果報告について〉，https://www8.cao.go.jp/space/comittee/27-kiban/kiban-dai52/pdf/siryou3.pdf，上網檢視日期：2022/3/11。

日本內閣府，2018，〈宇宙基本計画〉，https://www8.cao.go.jp/space/plan/plan3/plan3.pdf，上網檢視日期：2022/12/4。

日本內閣府，2019，〈宇宙を巡る情勢変化〉，https://www8.cao.go.jp/space/comittee/27-anpo/anpo-dai33/siryou3-2-2.pdf，上網檢視日期：2022/5/1。

日本內閣府，2020，〈宇宙基本計画〉，https://www8.cao.go.jp/space/plan/kaitei_fy02/fy02_gaiyou.pdf，上網檢視日期：2022/5/9。

日本內閣府，2016，〈これまでの小委員会での意見〉，https://www8.cao.go.jp/space/comittee/27-sangyou/sangyou-dai12/sankou3.pdf，上網檢視日期：2022/10/24。

日本內閣府，2017/3，〈これまでの小委員会での意見〉，https://www8.cao.go.jp/space/comittee/27-sangyou/sangyou-dai12/sankou3.pdf，上網檢視日期：2022/11/8。

日本內閣府宇宙政策委員會，2017/5/29，〈宇宙産業ビジョン2030のポイント〉，https://www8.cao.go.jp/space/vision/point.pdf，上網檢視日期：2022/4/5。

日本內閣府宇宙戰略室，2012/9，〈リモートセンシング衛星の現状、課題及び今後の検討の方向（案）〉，https://www8.

cao.go.jp/space/comittee/dai4/siryou4-1.pdf，上網檢視日期：
2022/12/4。

日本內閣宇宙戰略室，2012/9，〈宇宙外交・安全保障等の現状、
課題及び今後の檢討の方向（案）〉，siryou5.pdf (cao.go.jp)，
上網檢視日期：2022/9/27。

日本內閣府宇宙戰略室，2012，〈新たな宇宙基本計画（案）につ
いて〉，https://www8.cao.go.jp/space/plan/sankou-1.pdf，上網檢
視日期：2022/5/14。

日本內閣府宇宙開發戰略推進事務局，2015，〈宇宙×ICTに関す
る懇談会報告書（案）概要〉，https://www.soumu.go.jp/main_
content/000504486.pdf，上網檢視日期：2022/3/1。

日本內閣府宇宙開發戰略推進事務局，2022，〈令和4年度当初
予算案および令和3度補正予算における宇宙関係予算〉，
https://www8.cao.go.jp/space/budget/r04/fy4_yosan_fy3hosei.
pdf，上網檢視日期：2022/4/5。

日本外務省，2014/5/30，〈宇宙活動に関する国際行動規範に関
する第3回オープンエンド協議〉，https://www.mofa.go.jp/
mofaj/fp/sp/page22_001078.html，上網檢視日期：2022/5/4。

日本外務省，2021/5/28，〈国連宇宙空間平和利用委員会
（COPUOS）法律小委員会第60会期の開催〉，https://www.
mofa.go.jp/mofaj/press/release/press23_000082.html，上網檢視
日期：2022/3/10。

日本自民黨政務調查會宇宙・海洋開發特別委員會，2018，〈宇宙
基本法の着実な推進に向けて－第四次提言－〉，https://jimin.
jp-east-2.storage.api.nifcloud.com/pdf/news/policy/137477_1.pdf。

日本共同通信，2020/12/9，〈イージス艦2隻導入の方針表明
防衛相、誘導弾の射程延長も〉，https://news.yahoo.co.jp/arti
cles/549d7c22af0211f3781a047b52f7968c18a9ff6d，上網檢視日
期：2022/12/4。

日本宇宙開發戰略本部，2009/6/2，〈宇宙基本計画〉，https://
　　www8.cao.go.jp/space/pdf/keikaku/keikaku_honbun.pdf，上網檢
　　視日期：2022/12/5。

日本宇宙フォーラム，2013，《「宇宙開発利用の持続的発展のた
　　めの"宇宙状況認識（Space Situational Awareness: SSA）"に
　　関する国際シンポジウム」成果報告書》，http://www.jsforum.
　　or.jp/2014-/IS3DU2013_Summary_jp.pdf，頁 8，上網檢視日
　　期：2022/5/4。

日本宇宙フォーラム，2022，〈財団について〉，https://www.
　　jsforum.or.jp/outline/summary.html，上網檢視日期：2022/7/26。

日本防衛省，2018/7/20，〈第 2 回説明会資料〉，https://www.mod.
　　go.jp/j/approach/defense/bmd/pdf/20180720.pdf，上網檢視日
　　期：2022/12/4。

日本防衛省，2021，〈防衛省の取組および今後の方向性〉，
　　https://www8.cao.go.jp/space/comittee/27-anpo/anpo-dai41/
　　siryou3_2.pdf，上網檢視日期：2022/12/4。

日本經濟新聞，2021/11/8，〈小型衛星で次世代通信網　国と産
　　学連携　来年度中に実証拠点〉，朝刊 3 面。

日本製造產業局航空機武器宇宙產業課宇宙產業室，2011/12/5，
　　〈宇宙産業プログラムに関する施策・事業の概要につ
　　いて〉，https://www.meti.go.jp/policy/tech_evaluation/c00/
　　C0000000H23/111205_ucyuu/ucyuu11-1_5.pdf，頁 2，上網檢視
　　日期：2021/9/14。

日本總務省，2018/7/13，〈総務省国立研究開発法人審議会 宇
　　宙航空研究開発機構部会（第 14 回）〉，https://www.soumu.
　　go.jp/main_content/000595291.pdf，上網檢視日期:2022/3/28。

日本總務省，2022/1/28，〈Beyond 5G の実現に向けた 宇宙ネッ
　　トワークに関する 技術戦略について〉，https://www.soumu.
　　go.jp/main_content/000790343.pdf，上網檢視日期：2022/9/22。

內富素子，2013/3，〈欧州地域・ロシア・ウクライナの宇宙法政策に関する調査及び試行的比較分析〉，日本國際フォーラム主編，《宇宙に関する各国の外国政策》，平成24年度外務省委託事業，頁32-52。

戸﨑洋史，2010，〈宇宙利用の新たな動向〉，日本国際問題研究所主編，《新たな宇宙環境と軍備管理を含めた宇宙利用の規制─新たなアプローチと枠組みの可能性─》，平成21年度外務省委託研究，頁1-3。

戸﨑洋史，2010，〈日本の宇宙政策・安全保障政策に寄与する形での宇宙に関するルール設計〉，日本国際問題研究所主編，《新たな宇宙環境と軍備管理を含めた宇宙利用の規制─新たなアプローチと枠組みの可能性─》，平成21年度外務省委託研究，頁144-157。

半田滋，2017/4/5，〈対北朝鮮「ミサイル防衛」も「敵基地攻撃」も驚くほど非現実的である〉，https://gendai.ismedia.jp/articles/-/51364。

石田中，2009，〈アジアが一つになり地球規模の災害・環境問題の改善へ〉，https://www.jaxa.jp/article/special/asia/ishida01_j.html，上網檢視日期：2022/4/27。

石附澄夫，2007，〈宇宙基本法──宇宙の軍事利用の解禁に反対する〉，《軍縮地球市民》，第10期，頁150-155。

加藤明，2015，《スペースデブリー宇宙活動の持続的発展をめざして─》，東京：地人書館。

村山隆雄，2007，〈我が国の宇宙開発を考える視点─「宇宙基本法案」に上程に寄せて〉《レファレンス》，9月號，頁1-31。

佐藤雅 、戸﨑洋史，2010，〈宇宙の軍備管理、透明性・信頼醸成向上に関する既存の提案〉，日本国際問題研究所主編，《新たな宇宙環境と軍備管理を含めた宇宙利用の規制─新たなアプローチと枠組みの可能性─》，平成21年度外務省委

託研究，頁 84-104。

長谷悠太，2016，〈民間事業者の宇宙活動の進展に向けて─宇宙
関連 2 法案─〉，《立法と調査》，第 381 期，頁 82-97。

青木節子，1999，〈南極 宇宙 海底での規制〉， 瑠 編，《軍縮
問題入門》，東京：東信堂。

青木節子，2006，《日本の宇宙戦略》，東京：慶應義塾大學出版
會。

青木節子，2008，〈宇宙技術を切り札に存在感ある日本を目指
せ〉，《WEDGE》，9 月號，頁 76-78。

青木節子，2013/3，〈各国の宇宙政策からみる日本の宇宙外交へ
の視点〉，日本國際フォーラム主編，《宇宙に関する各国の
外国政策》，平成 24 年度外務省委託事業，頁 14-20。

青木節子，2016/4/26，〈国際宇宙秩序形成の現状〉，https://
www8.cao.go.jp/space/comittee/dai48/siryou4.pdf，上網檢視日
期：2022/5/5。

青木節子，2020/8/20，〈日本的太空政策（4）：現在，日本的
太空利用活動處在坐標系的什麼位置？〉，《nippon.com》，
https://www.nippon.com/hk/japan-topics/c06511/?pnum=3。

青木節子，2020/9/25，〈「宇宙版日米同盟」で進む宇宙の安全
保障｜宇宙作戦隊とはなにか（4）・最終回〉，《nippon.
com》，<https://www.nippon.com/ja/japan-topics/c06517/>。

青木節子，2020/10/9，〈宇宙空間は「戦闘領域」になった─第 4
次宇宙基本計画を読み解く（1）〉，https://www.nippon.com/
ja/japan-topics/c06518/，上網檢視日期：2020/12/16。

青木節子，2021，〈宇宙を支配する「量子科学衛星」の脅威〉，
《文芸春秋》，第 99 期第 8 卷，頁 128-135。

青木節子，2022，〈衛星をめぐる攻防の舞台 戦場としての宇
宙〉，《中央公論》，第 136 期第 9 卷，頁 96-103。

金田秀昭，2010，〈弾道ミサイル防衛と宇宙問題〉，日本国際問

題研究所主編，《新たな宇宙環境と軍備管理を含めた宇宙利用の規制—新たなアプローチと枠組みの可能性—》，平成 21 年度外務省委託研究，頁 25-47。

東京大学未来ビジョン研究センター，2022，〈城山英明〉，https://ifi.u-tokyo.ac.jp/people/shiroyama-hideaki/，上網檢視日期：2022/8/20。

東京財團政策研究所，2022，〈科学技術政策システムの再構築〉，https://www.tkfd.or.jp/programs/detail.php?u_id=38，上網檢視日期：2022/8/20。

東京財團政策研究所，2022，〈鈴木一人〉，https://www.tkfd.or.jp/experts/detail.php?id=689，上網檢視日期：2022/8/20。

東京財團政策研究所，2022，〈城山英明〉，https://www.tkfd.or.jp/experts/detail.php?id=657，上網檢視日期：2022/8/20。

河村建夫，2008，〈宇宙基本法の意義〉，《経済 Trend》，頁 23-25。

松田康博，2022，〈東京大學東洋文化研究所松田康博研究室〉，https://ymatsuda.ioc.u-tokyo.ac.jp/ch/index.html，上網檢視日期：2022/8/13。

松掛暢，2009，〈宇宙基本法と日本の宇宙開発利用～宇宙条約の視点とともに～〉，《阪南論集》，第 45 卷第 1 期，頁 115-129。

武藤正紀，2021/10/29，〈持続可能な宇宙利用に向けた技術外交戦略 新たなリスクに対する官民連携・国際協力による秩序形成〉，https://www.mri.co.jp/knowledge/column/20211029_2.html，上網檢視日期：2022/4/7。

秋山遠亮，2013，〈新しい日本の宇宙政策と今後の科学・探査計画〉，《日本惑星科学会誌》，Vol. 22, No. 2，頁 102-108。

科学技術動向研究センター，2007，〈欧州連合及び欧州宇宙機関、初の共同宇宙政策を承認〉，《科学技術動向》，6 月號，

頁 10。

神田茂，2010，〈宇宙の開発利用の現状と我が国の課題（後編）〉，《立法と調査》，第 303 期，頁 97-112。

神谷万丈，2019，〈日米同盟のこれから─同盟強化と対米依存度低減をいかに有立させるか─〉，日本國際問題研究所主編，《安全保障政策のボトムアップレビュー》，東京：日本國際問題研究所，頁 23-37。

栗山育子，2021/3/1，〈APRSAF 宇宙法制イニシアティブ分科会の活動状況について〉，https://space-law.keio.ac.jp/pdf/symposium/symposium12_05.pdf，上網檢視日期：2022/3/28。

相原素樹，2013，〈外国領空の通過を伴う人工衛星等の打上げにおける宇宙空間アクセス自由の原則の再検討〉，《慶應義塾大學大學院法學研究科修士論文》。

笹川平和財團，2022/8/19，〈『衛星 VDES に関する提言』を提出しました〉，https://www.spf.org/opri/news/20220819.html，上網檢視日期：2022/9/11。

經團連，2021/6，〈經濟成長戰略〉，https://www.keidanren.or.jp/policy/2020/108_honbun_sasshi.pdf，上網檢視日期：2022/4/2。

添谷芳秀，2016，《安全保障を問いなおす「九条─安全体制」を越えて》，東京：NHK 出版。

渡 浩崇，2019，〈日本の宇宙政策の歴史と現状〉，《国際問題》，No. 684，頁 34-43。

鈴木一人，2011，《宇宙開発と国際政治》，東京：岩波書店。

鈴木一人，2017，〈各国の宇宙政策と我が国の課題〉，《科学技術に関する調査プロジェクト 2016 報告書》，東京：日本國會圖書館，頁 1-6。

鈴木一人，2022，〈宇宙と安全保障〉，http://ssdpaki.la.coocan.jp/proposals/44.html，上網檢視日期：2022/4/5。

稗田浩雄，2007，〈宇宙基本法─宇宙開発への課題〉，《日本航

空宇宙学会誌》，第 55 卷第 642 期，頁 182。

福島康仁，2010，〈宇宙を巡る各国・地域の安全保障その他の主要政策〉，日本国際問題研究所主編，《新たな宇宙環境と軍備管理を含めた宇宙利用の規制―新たなアプローチと枠組みの可能性―》，平成 21 年度外務省委託研究，頁 4-24。

福島康仁，2011/11，〈「宇宙空間で軍事的な挑戦を受ける米国――『暗黙の了解』の限界と オバマ政権の対応〉，《防衛研究所ニュース》，第 159 期，頁 1-4。

福島康仁，2013/3，〈米国の宇宙政策〉，日本國際フォーラム主編，《宇宙に関する各国の外国政策》，平成 24 年度外務省委託事業，頁 21-31。

福島康仁，2016，〈宇宙安全保障―世界の動向と日本の取り組み〉，《東アジア戦略概観》，東京：防衛省，頁 8-37。

福島康仁，2017，〈日本の防衛宇宙利用―宇宙基本法成立前後の継続性と変化―〉，《ブリーフィング・メモ》，3 月號，頁 1-6。

齊田興哉，2018，《宇宙ビジネス第三の波》，東京：日刊工業新聞社。

慶應義塾大學，2022，〈土屋大洋〉，https://k-ris.keio.ac.jp/html/100012165_ja.html#item_kaknh_bnrui_2，上網檢視日期：2022/8/20。

慶應義塾大學，2022，〈青木節子〉，https://k-ris.keio.ac.jp/html/100013299_ja.html#item_gkkai_iinkai_2，上網檢視日期：2022/8/20。

瀨川高央，2015，〈日本の SDI 研究参加をめぐる政策決定過程〉，《公共政策學》，第 9 期，頁 87-106。

橋本靖明，2008，〈宇宙基本法の成立―日本の宇宙安保政策―〉，《防衛研究所ニュース》，7 月號，http://www.nids.mod.go.jp/publication/briefing/pdf/2008/briefing722.pdf，頁 1-4。

豐下楢彥、古關彰一，2014，《集団的自衛権と安全保障》，東京：岩波。

三、英文部分

Asia-Pacific Space Cooperation Organization (APSCO), 2022/3/28, "Member States", http://www.apsco.int/html/comp1/channel/Member_States/25.shtml, date: 2022/3/28.

Bonnet Roger M., 1993, "Space Science in ESRO and ESA: An Overview", in Arturo Russo ed., *Science Beyond the Atmosphere: The History of Space Research in Europe*, ESA HSR-Special, pp. 1-28.

Commission of the European Communities, 2007/4/26, "European Space Policy", https://eur-lex.europa.eu/LexUriServ/LexUriServ.do?uri=COM:2007:0212:FIN:en:PDF, date: 2022/5/4.

Commission of the European Communities, 2008/9/11, "European Space Policy Progress Report", https://eur-lex.europa.eu/LexUriServ/LexUriServ.do?uri=COM:2008:0561:FIN:en:PDF, date: 2022/5/4.

Creedon, Madelyn R., 2012/3/21, Assistant Secretary of Defense for Global Strategic Affairs, *Statement before the Senate Committee on Armed Service Subcommittee on Strategic Forces.*

Digwatch, 2013/7/24, '2013 UN GGE Report of the group of governmental experts on developments in the field of information and telecommunications in the context of international security (A/68/98)', https://dig.watch/resource/un-gge-report-2013-a6898, date: 2022/11/14.

ESA, 2022, "XEUS overview", https://www.esa.int/Science_

Exploration/Space_Science/XEUS_overview, date: 2022/8/14.

ESA, 2022, "Member States & Cooperating States", https://www.esa. int/About_Us/Corporate_news/Member_States_Cooperating_ States, date: 2022/12/4.

ESA, 2022, "JUICE", https://sci.esa.int/web/juice, date: 2022/12/4.

ESA, 2022, "About ESA", https://www.esa.int/, date: 2022/12/4.

Erickson, Andrew & Goldstein, Lyle, 2012, *Chinese Aerospace Power: Evolving Maritime Roles*, Annapolis, MD: Naval Institute Press.

ICAO, 2006, "*Convention on International Civil Aviation*", https://www. icao.int/publications/Documents/7300_cons.pdf, date: 2022/11/9.

Morgen thau, Hans J., 1973, *Politics among nations: the struggle for power and peace*, New York: Alfred A. Knopf.

MTCR, 2022, "MTCR Partners", https://mtcr.info/partners/, date: 2022/3/21.

Kotler, Philip & Keller, Kevin Lane, 2012, *Marketing management,* N.J.: Prentice Hall.

Nikkei Asian, 2021/8/17, "A room with a lunar view: Japan eyes remote construction on the moon", https://asia.nikkei.com/ Business/Science/A-room-with-a-lunar-view-Japan-eyes-remote-construction-on-the-moon, date: 2022/10/11.

SPACE TIDE, 2022/7/12, "ORGANIZATION", https://spacetide.jp/ aboutus/, date: 2022/7/12.

O'Hanlon Michael E., 2004, *Neither Star Nor Sanctuary: Constraining the Militaary Uses of Space*, Brookings Institition Press.

UN Office of Outer Space Affairs, 1966, 'Treaty on Principles Governing the Activities of States in the Exploration and Use of Outer Space, including the Moon and Other Celestial Bodies', https://www.unoosa.org/oosa/en/ourwork/spacelaw/treaties/ introouterspacetreaty.html, date: 2022/11/9.

United States Office of Technology Assessment, 1985/9, Anti-satellite Weapon Countermeasures, and Arms Control, U. S. Government Printing Office.

國家圖書館出版品預行編目資料

咫尺光年：日本的新太空發展與戰略／鄭
　子真著. -- 初版. -- 臺北市：五南圖
　書出版股份有限公司, 2022.12
　面；　公分
　ISBN 978-626-343-666-4（平裝）

1.CST: 太空工程　2.CST: 太空科學
3.CST: 產業發展　4.CST: 外交政策
5.CST: 日本

447.9　　　　　　　　　111021338

4P93

咫尺光年：
日本的新太空發展與戰略

作　　　者 ― 鄭子真（383.6）

發 行 人 ― 楊榮川

總 經 理 ― 楊士清

總 編 輯 ― 楊秀麗

副總編輯 ― 劉靜芬

封面設計 ― 姚孝慈

出 版 者 ― 五南圖書出版股份有限公司

地　　　址：106台北市大安區和平東路二段339號4樓

電　　　話：(02)2705-5066　　傳　　真：(02)2706-6100

網　　　址：https://www.wunan.com.tw

電子郵件：wunan@wunan.com.tw

劃撥帳號：01068953

戶　　　名：五南圖書出版股份有限公司

法律顧問　林勝安律師

出版日期　2022年12月初版一刷

定　　　價　新臺幣350元